亚马逊网络书店五星级畅销书

吠陀数学是用数字影响了世界几千年的印度秘密计算法，
如今将在本书中彻底公开。
让我们进入印度惊人的数学世界，学习魔法般的神奇解题法吧！

风靡全球的
印度式
数学窍门

Mathematics Tricks Using the Vedic System

[英] 瓦利·纳瑟 (Vali Nasser)/著

凯华翻译社/译

U0251073

吉林摄影出版社
·长春·

图书在版编目（CIP）数据

风靡全球的印度式数学窍门 /（英）纳瑟著；凯华翻译社译 .
—长春：吉林摄影出版社，2012.5
ISBN 978-7-5498-1074-1

Ⅰ.①风… Ⅱ.①纳… ②凯… Ⅲ.①心算法 Ⅳ.① O121.4

中国版本图书馆 CIP 数据核字（2012）第 070505 号

MATHEMATICS TRICKS USING THE VEDIC SYSTEM ©2008 by Vali Nasser
Simplified Chinese translation rights arranged with jia-xi books co., ltd., Taiwan, R.O.C.
© 2010 by Beijing Jinri Jinzhong Bookselling Center
"Simplified Chinese language edition arranged with the author Vali Nasser, through jia-xi
books co., ltd, Taiwan."

著作权合同登记号：图字 07-2012-3761 号

风靡全球的印度式数学窍门

Fengmi Quanqiu de Yindushi Shuxue Qiaomen

著　　者	［英］瓦利·纳瑟	
译　　者	凯华翻译社	
出 版 人	孙洪军	
策　　划	北京今日今中图书销售中心	
责任编辑	李　彬　周宇恒	
封面设计	北京今日今中图书销售中心	
开　　本	880mm×1230mm　1/32	
字　　数	93 千字	
印　　张	4.5	
版　　次	2012 年 5 月第 1 版	
印　　次	2018 年 4 月第 2 次印刷	

出　　版	吉林摄影出版社
地　　址	长春市泰来街 1825 号
	邮编：130062
电　　话	总编办：0431-86012616
	发行科：0431-86012602
印　　刷	廊坊十环印刷有限公司

ISBN 978-7-5498-1074-1　　定价：29.80 元

PREFACE

前言

作者序:

　　《风靡全球的印度式数学窍门》将会提升我们数学计算的速度及效率。

　　我的第一本书《风靡全球的心算法——印度式数学速算》(*Speed Mathematics Using the Vedic System*)已经陆续在中国和日本翻译出版,并获得很好的反响。

　　虽然这本《风靡全球的印度式数学窍门》里面的部分内容与我第一本书《风靡全球的心算法——印度式数学速算》中的内容有些相似,但这里介绍的一些额外的窍门与方法,是第一本书里没有出现过的。这两本书均运用了印度式数学运算的传统方法。

这些数学的窍门和方法对学生、上班族、数学爱好者及社会中各个年龄段的人群都是非常有用的。一旦掌握了这些窍门或方法，你在数学学习或在其他科目的学习中就会取得事半功倍的效果。我相信，这些方法将会很快被纳入到学校的教育课程之中。

针对正在大学学习初级数学课程的学生及高中的学生而言，这些数学窍门对他们分解因式、计算指数（乘方）及二次方程式等都有很好的帮助。学生们也会发现，利用二倍数（duplexes）的窍门不仅可以很快地找出任何两位数及三位数的平方值、代数方程式的平方根以及立方值和立方根，而且对有关复利或折价的问题也有帮助。此外，本书的内容也涵盖了计算、统计及三角函数的技巧。

阅读此书，可以培养读者的数学兴趣，提高他们的计算效率。书中的一些方法还可以帮助读者牢记圆周率和三角函数以及了解平均值、中位数、众数及全距的差别。为了增加学生的数学兴趣，老师们和家长们也应该参考这些技巧。

本书最后附有两套测试题，读者可以进行自我测验，充分地了解自己的学习效果，并判断自己的数学相当于英国 GCSE（普通中等教育证书）的哪个水平。

目录

CONTENTS

1

CONTENTS 目录

CONTENTS 目录

01 快速乘以 11 及 111 的方法

现在我们介绍一种不常用，但很有效的乘以 11 的计算方法：

请计算 12 乘以 11

$12 \times 11 = 132$（答案中的百位数和个位数数字与被乘数 12 相同，而中间的数字即被乘数的两个数字之和。）

最简单的方法：被乘数的第一个数字及最后一个数字保持不变，再将被乘数的第一个数字与第二个数字相加，第二个数字与第三个数字相加，以此类推，直到最后一个数字为止。

这个方法适用于任何数字乘以 11 的计算。

让我们一起来计算一下：

$13 \times 11 = 143$（答案是被乘数 13 的第一个数字及最后一个数字保持不变，中间数字即为 $1 + 3$。）

$14 \times 11 = 154$（答案是被乘数 14 的第一个数字及最后一个数字保持不变，中间数字即为 $1 + 4$。）

我们再来计算 19×11

$19 \times 11 = 1（10）9 = 209$（我们注意到答案中的中间数字是 10，所以需要进一位至左边的数字。）

多练习一些例题才可体会本方法的绝妙之处。

27×11＝297（答案中的第一个数字为2，中间数字为2＋7，最后一个数字为7。）

28×11＝2（10）8＝308（方法与前面的19×11相似）

相同的方法也适用于两位数以上的数字乘以11的计算。

☻ 例题 1：计算 412×11

412×11 ＝ 4532（答案中的第一个数字即被乘数的第一个数字，第二个数字即被乘数中的前两个数字相加，第三个数字即被乘数中的第二与第三个数字相加，最后一个数字保持不变，即被乘数的最后一个数字。）

☻ 例题 2：计算 13212×11

13212×11 ＝ 145332（方法同上，答案中的第一个数字即被乘数的第一个数字，第二个数字即被乘数中的前两个数字相加，第三个数字即被乘数中的第二个数字和第三个数字相加，以此类推，最后一个数字即被乘数的最后一个数字。）

由此，我们可以再延伸计算乘以111：

☻ 例题 1：计算 123×111

这一次我们要把连续三个数字相加起来，如下：

第一个数字为被乘数的第一个数字，即	1
第二个数字为被乘数中的前两个数字相加（1＋2），即	3
第三个数字为被乘数中的前三个数字相加（1＋2＋3），即	6

第四个数字为被乘数中的后两个数字相加（2＋3），即	5
最后一个数字为被乘数的最后一个数字，即	3

因此，123×111＝13653

☺ **例题 2：计算 1223×111**

同上，我们把连续三个数字相加起来，如下：

第一个数字为被乘数的第一个数字，即	1
第二个数字为被乘数中的前两个数字相加（1＋2），即	3
第三个数字为被乘数中的前三个数字相加（1＋2＋2），即	5
第四个数字为被乘数中的后三个数字相加（2＋2＋3），即	7
第五个数字为被乘数中的后两个数字相加（2＋3），即	5
最后一个数字为被乘数的最后一个数字，即	3

因此，1223×111＝135753

☺ **例题 3：计算 12231×111**

第一个数字为被乘数的第一个数字，即	1
第二个数字为被乘数中的前两个数字相加（1＋2），即	3
第三个数字为被乘数中的前三个数字相加（1＋2＋2），即	5
第四个数字为被乘数中的中间三个数字相加（2＋2＋3），即	7
第五个数字为被乘数中的后三个数字相加（2＋3＋1），即	6
第六个数字为被乘数中的后两个数字相加（3＋1），即	4
最后一个数字为被乘数的最后一个数字，即	1

注意: 在例题 2 及例题 3 中,当你完成被乘数中的前三个数字相加后,再从被乘数的第二个数字开始连续三个数字相加,以此类推,直到只剩两个数字相加。然后,最后一个数字即被乘数的最后一个数字。

因此,12231 × 111 = 1357641

02 快速计算 9 的乘法

让我们先看看与 9 相乘的例题：

☺ **例题 1**：**计算 9 × 2**

步骤 1：在与 9 相乘的数字后面加上 0

例如：2 的后面加上 0 是 20

步骤 2：再将 20 减去 2，得 18，即得到答案。

☺ **例题 2**：**计算 9 × 7**

步骤 1：在与 9 相乘的数字后面加上 0

例如：7 的后面加上 0 是 70

步骤 2：再将 70 减去 7，得 63，即得到答案。

☺ **例题 3**：**计算 9 × 12**

步骤 1：在与 9 相乘的数字后面加上 0

例如：12 的后面加上 0 是 120

步骤 2：再将 120 减去 12，得 108，即得到答案。

☺ **例题 4**：**计算 9 × 35**

步骤 1：在与 9 相乘的数字后面加上 0

例如：35 的后面加上 0 是 350

步骤 2：再将 350 减去 35，得 315，即得到答案。

下面我们再看看与 99 相乘的例题：

☺ **例题 5：计算 99 × 5**

步骤 1：在与 99 相乘的数字后面加上 00

例如：5 的后面加上 00 是 500

步骤 2：再将 500 减去 5，得 495，即得到答案。

☺ **例题 6：计算 99 × 45**

步骤 1：在与 99 相乘的数字后面加上 00

例如：45 的后面加上 00 是 4500

步骤 2：再将 4500 减去 45，得 4455，即得到答案。

我们再来看看与 999 相乘的例题：

☺ **例题 7：计算 999 × 75**

步骤 1：在与 999 相乘的数字后面加上 000

例如：75 的后面加上 000 是 75000

步骤 2：再将 75000 减去 75，得 74925，即得到答案。

请记住：当你计算一个数与 9 相乘时，这个数的后面加上一个 0，再减去这个数；当你计算一个数与 99 相乘时，这个数的后面加上 00，再减去这个数。以此类推。

基本方法：

$6 \times 9 = 6 \times (10 - 1) = 60 - 6 = 54$

$6 \times 99 = 6 \times (100 - 1) = 600 - 6 = 594$

$6 \times 999 = 6 \times (1000 - 1) = 6000 - 6 = 5994$

由此可见，这个方法适用于乘数为 9、99、999、9999 等数字的乘法。

03 快速计算数字 11 至 19 的平方值

（假设你只会九九乘法表）

☺ **例题 1：计算 12 的平方**

　　步骤 1：得 14（取 12 的最后一个数字 2 加上自己 12）

　　步骤 2：得 4（12 的最后一个数字 2 的平方，即 4）

　　步骤 3：将 12 的最后一个数字 2 的平方值，也就是把"步骤 2"放到"步骤 1"的后面，即 144。

　　因此，$12 \times 12 = 144$

☺ **例题 2：计算 13 的平方**

　　步骤 1：得 16（取这个数字的最后一个数字 3 加上自己 13）

　　步骤 2：得 9（13 的最后一个数字 3 的平方）

　　步骤 3：得 169（将 9 放到 16 的后面）

　　因此，$13 \times 13 = 169$

● **例题 3：计算 14 的平方**

（方法同上）

　　步骤 1：得 18

　　步骤 2：得 16

　　步骤 3：得 18　6

　　　　　　　　1

（进一位至左边数字）

此时 18 要加上 1，最后得 196。

因此，$14 \times 14 = 196$

● **例题 4：计算 15 的平方**

　　步骤 1：得 20

　　步骤 2：得 25

　　步骤 3：得 20　5

　　　　　　　　2

（进位至左边数字）

此时 20 要加上 2，最后得 225。

因此，$15 \times 15 = 225$

用同样的方法练习 16×16，17×17，18×18 及 19×19。

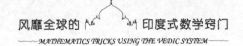

04 快速计算两位数的减法

计算下面的例题：

$$
\begin{array}{r}
241 \\
-28 \\
\hline
213
\end{array}
$$

传统计算方法：先计算个位数，由于1无法减去8，所以我们需要向十位数借1，使个位数变成11，然后11减去8得3。由于我们向十位数借1，现在的十位数由4变成3，再将十位数的3减去十位数的2得1。此时的百位数无须做任何减法，因此，最后的答案是213。

有没有更快速有效的方法来解决这个问题呢？

现在请你看看下面的方法：

如果我们将上下两个数字均加上2

即

$$
\begin{array}{r}
243 \quad (241+2) \\
-30 \quad (28+2) \\
\hline
213
\end{array}
$$

你会发现用 243 减去 30 比用 241 减去 28 计算起来更容易，更快捷。

这个方法就是根据代数原理，也就是将上下两个数字同时加上或减去相同的数字，计算后的答案是相同的。

是不是很有趣？

现在让我们来算一算（a－b）。如果我们对 a 和 b 同时加上 n，然后再计算减法。

即（a＋n）－（b＋n）＝a＋n－b－n＝a－b

如果你此时对 a 和 b 同时减去 n，答案仍不变。

即（a－n）－（b－n）＝a－n－b＋n＝a－b

因此，为了简化计算，我们可以对减法中的两个数同时加上或减去相同的数字，答案不变。

下面的例题可以帮助你熟练掌握这个方法：

● **例题 1：**

$$\begin{array}{r} 113 \\ -\quad 6 \\ \hline \end{array}$$

现在将两个数字同时加上 4。如果我们让减数的个位数为 0，则对计算有帮助。

也就是 113＋4＝117　　6＋4＝10

所以新的减法结果为：

$$
\begin{array}{r}
117 \\
-\quad 10 \\
\hline
107
\end{array}
$$

117 减去 10 得 107。

因此，113 减去 6 也得 107。

● **例题 2：**

$$
\begin{array}{r}
321 \\
-114
\end{array}
$$

让我们将两个数字同时加上 6，使减数成为个位数数字为 0 的整数，如下所示：

$$
\begin{array}{rl}
327 & （321＋6） \\
-\quad 120 & （114＋6） \\
\hline
207 &
\end{array}
$$

因此，327 减去 120 得 207。无须借位。

这种计算减法的方法比传统的方法要简单不少。如果学生觉得借位计算很麻烦，那么，这种方法对他们而言会很便捷。

05 快速计算被减数为 1000、2000、3000 或 3000 以上的减法

为了计算 1000 减去其他数，我们使用这样一个规则：首先全部用 9 来减，最后一个数字再用 10 来减。

☻ **例题 1：1000 − 897 = 103**

我们只要将 897（除了个位数的数字外）的每个数字用 9 来减，而个位数数字用 10 来减，即可得到如下答案：

$$
\begin{array}{r}
1000 \\
-897 \\
\hline
103
\end{array}
$$

9 减 8 得 1，9 减 9 得 0，而 10 减 7 得 3。

☻ **例题 2：10000 − 8743 = 1257**

（方法同上）

9 减 8 得 1，9 减 7 得 2，9 减 4 得 5，而 10 减 3 得 7。

练习题 让我们再来计算下列各题：

（1）$10000 - 6577$

（2）$1000 - 67$

（3）$10000 - 4507$

你可以将这个原则扩展到其他被减数，例如：3000、4000、5000 或其他。

☻ 例题 1：计算 $3000 - 347$

利用下面这个原则：

（1）个位数数字用 10 来减。

（2）其他用 9 来减。

（3）被减数的最左边数字减去 1。

因此，$3000 - 347 = 2653$

☻ 例题 2：计算 $7000 - 462$

答案是 6538。

这里有一个规则，就是从个位数开始减起：

（1）10 减 2 得 8，如上所示。

（2）9 减 6 得 3。

（3）9 减 4 得 5。

（4）最后 7 减 1 得 6。

因此，$7000 - 462 = 6538$

若被减数与减数数位相同时，则须将两数的最高位数相减后再减 1。

☺ **例题 3：计算 7000－5462**

（1）10 减 2 得 8。

（2）9 减 6 得 3。

（3）9 减 4 得 5。

（4）因 7000 与 5462 均为千位数，故须先将最高位数相减后再减 1，即 7 减 5 减 1 等于 1。

答案是 1538。

06 平方差公式

平方差公式：$(a+b)(a-b) = a^2-b^2$

用这个公式可帮助你快速计算 a^2-b^2 之类的算式题。

● **例题 1：计算 19^2-14^2**

我们知道可以将 19^2-14^2 写成 $(19+14)(19-14)$

因此，$19^2-14^2=(19+14)(19-14)=33\times5=165$

● **例题 2：计算 45^2-35^2**

因此，$45^2-35^2=(45+35)(45-35)=80\times10=800$

● **例题 3：计算 $56^2+36^2-46^2-31^2$**

这个算式可以重写成 $56^2-46^2+36^2-31^2$

也可以写成 $(56+46)(56-46)+(36+31)(36-31)$

$(56+46)(56-46)+(36+31)(36-31)$

$=102\times10+67\times5$

$=1020+335$

$=1355$

因此，$56^2+36^2-46^2-31^2=1355$

07 快速计算个位数为 5 的数的平方值

注意：平方就是自己乘以自己。

15^2 即 15×15

☺ 例题 1：计算 15×15

答案分两部分。

如果相乘的两个数字的个位数都是 5，则答案的最后部分一定是 25，而第一部分为第一个数字乘以"第一个数字加 1"。

在本例题中，答案中的第一部分为 $1 \times （1 + 1）＝2$

因此，答案是 225。

☺ 例题 2：计算 25×25

方法同上，答案分两部分。

答案的最后部分一定是 25，而第一部分为第一个数字乘以"第一个数字加 1"。

在本例题中，答案中的第一部分为 $2 \times （2 + 1）＝6$

因此，答案是 625。

● **例题 3：计算 65 × 65**

本例题用同样的方法计算，答案分为两部分。

答案中的第一部分为 6 × （6 + 1）= 42（方法同上），第二部分为 25。

因此，答案是 4225。

这个方法也适用于个位数为 5 的任何两个相同的数字相乘。

例如：115 × 115

其答案同样分两部分。

答案的最后部分一定是 25，而第一部分为 11 × （11 + 1）（方法同上），即 132。

因此，115 × 115 = 13225

让我们再来计算平方数大一点的算式：

例如：计算 9995 × 9995

答案也是分两部分计算。答案中的最后部分为 25，而第一部分为 999 × 1000 = 999000。

因此，答案是 99900025。

练习题 请用上述方法计算下列各题：

（1）35 × 35

（2）45 × 45

（3）55 × 55

（4）75×75

（5）8.5×8.5

（6）9.5×9.5

（7）105×105

（8）195×195

08 两个数相乘，它们的个位数数字相加为 10，十位数数字相同时的乘法计算窍门

☺ **例题 1：计算 32 × 38**

（注意：这两个相乘数的十位数相同，而它们的个位数相加为 10）

答案分为两部分。

答案中的最后部分为它们的个位数相乘。

第一部分为十位数数字乘以"该数字加上 1"。

在本例题中，最后部分为 $2 \times 8 = 16$，而第一部分为 $3 \times (3 + 1) = 12$。因此，答案是 1216。

☺ **例题 2：计算 56 × 54**

（注意：这两个相乘数的十位数相同，即 5。而两个数的个位数相加为 10，即 $6 + 4 = 10$）

答案分为两部分。

答案中的最后部分为 $6 \times 4 = 24$

而第一部分为 $5 \times (5 + 1)$

即 $5 \times 6 = 30$

因此，答案是 3024。

为了灵活运用这个方法，下面我们接着练习几个例题：

☺ **例题 3：计算 78 × 72**

答案中的最后部分为 8 × 2 ＝ 16（个位数相乘）

而第一部分为 7 × 8 ＝ 56（个位数之前的数乘以"该数字加上 1"）

因此，答案是 5616。

☺ **例题 4：计算 123 × 127**

答案中的最后部分为 3 × 7 ＝ 21

而第一部分为 12 × 13 ＝ 156（个位数之前的数乘以"该数字加上 1"）

因此，答案是 15621。

☺ **例题 5：计算 9996 × 9994**

答案中的最后部分为 6 × 4 ＝ 24

而第一部分为 999 × 1000 ＝ 999000

因此，答案是 99900024。

我们用这个方法来计算特殊数字的乘法，不仅迅速，而且有效。

练习题 现在让我们用这个方法计算下列各题：

（1）93 × 97

（2）88 × 82

（3）67 × 63

09 利用二倍数（duplexes）找出任何两位数的平方值

现在让我们来定义一个倍数（duplex）

(a) 一位数的倍数定义如下：

请记住定义规则：$D(a) = a^2$

根据此定义我们做如下练习：

练习1：$D(4) = 4 \times 4 = 16$

练习2：$D(7) = 7 \times 7 = 49$

(b) 两位数的倍数定义如下：

请记住定义规则：$D(ab) = 2ab$

根据此定义我们做如下练习：

$D(13) = 2 \times 1 \times 3$

因此，$D(13) = 6$

两位数的平方值定义如下：

请记住定义规则：$(ab)^2 = D(a) / D(ab) / D(b)$

若 D（ab）或 D（b）的计算结果不为个位数，则须进位至左边的数字。

根据此定义，我们做如下练习：

☺ **练习 1：计算 21^2**

    方法： $(21)^2 =$ D（2）／D（21）／D（1）

              D（2）$= 2 \times 2 = 4$

              D（21）$= 2 \times 2 \times 1 = 4$

              D（1）$= 1 \times 1 = 1$

因此，$21^2 = 441$

☺ **练习 2：计算 32^2**

    方法： $(32)^2 =$ D（3）／D（32）／D（2）

              D（3）$= 3 \times 3 = 9$

              D（32）$= 2 \times 3 \times 2 = 12$

              D（2）$= 2 \times 2 = 4$

因此 $32^2 = 9$，12，4

接下来再把中间的数字"1"进位到左边。

答案是 1024。

☺ **练习 3：计算 63^2**

    $63^2 = 6^2 / 2 \times 6 \times 3 / 3^2$

    即 $63^2 = 36$，36，9

    再把中间的数字"3"进位到左边。

因此，答案是 3969。

☺ 练习 4：计算 57^2

我们根据前面的定义得出：

$57^2 = 5^2 / 2 \times 5 \times 7 / 7^2$

即 $57^2 = 25$，70，49

接下来再把中间数字"7"进位到左边，即 32049。

然后，再把"4"进位到左边。

因此，最后的答案是 3249。

多练习这个方法就可以轻松计算两位数的平方值。

10 利用二倍数（duplexes）找出任何三位数的平方值

首先，我们要定义一个三位数的倍数。

请记住定义规则：D（abc）＝2ac＋b²

让我们利用二倍数方法找出三位数的平方值。

（abc）²＝D（a）/D（ab）/D（abc）/D（bc）/D（c）

☺ **例题1：（121）²**

根据前面的规则再利用二倍数的定义，我们得出：

121² ＝ D（1）/D（12）/D（121）/D（21）/D（1）

　　 ＝ 1 / 4 /（2＋4）/ 4 / 1

　　 ＝ 14641

因此，121² ＝ 14641

☺ **例题2：（223）²**

方法与上面相同。

223² ＝ D（2）/D（22）/D（223）/D（23）/D（3）

　　 ＝ 4 / 8 /（12＋4）/ 12 / 9

　　 ＝ 4 / 8 / 16 / 12 / 9

接下来，各进一位至左边。

因此，$223^2 = 49729$

事实上，利用这个方法也可以快速找出四位数或五位数的平方值。

首先，我们要定义四位数及五位数的二倍数。

请记住定义规则：$D(abcd) = 2(ad + bc)$

及 $D(abcde) = 2(ae + bd) + c^2$

现在让我们利用上面的定义计算四位数的平方值：

$(1231)^2 = 1 / 4 / 10 / 14 / 13 / 6 / 1$

$\qquad = 1515361$

让我们再来看看五位数的平方值：

$(31243)^2 = 9 / 6 / 13 / 28 / 30 / 22 / 28 / 24 / 9$

$\qquad = 976125049$

11 快速默记圆周率的小数点后六位 及后十八位的数字

这是一个用来快速记住圆周率的小数点后六位的窍门。

"How I wish I could calculate pi."（我多么希望我可以算出圆周率。）

你将会注意到如果能记住这句英语，就会很快记住圆周率的小数点后六位的数字。这只需要计算每一个英语单词里有多少个英文字母。

例如：

How＝3

I＝1

wish＝4

I＝1

could＝5

calculate＝9

pi＝2

圆周率精确到小数点后六位的数字刚好是 3.141592。

所以请牢记这句英语 "How I wish I could calculate pi"。

你也可将这句英文延伸成含有十八个英文单词，既押韵、又好记的句子。

How I wish I could calculate pi.（我多么希望我可以算出圆周率啊。）

"Eureka", cried the great inventor.（这个发明家大喊："尤瑞卡。"）

Christmas Pudding, Christmas Pie,（圣诞布丁，圣诞派，）

is our solution.（是我们的解决之道。）

圆周率精确到小数点后的十八位刚好是 3.141592653589793238。

12 公里及英里的转换方法

首先请记住一个事实：8 公里约等于 5 英里。

然后使用斐波那契数列（Fibonacci Sequence）来计算其他的关系。

（注：斐波那契数列又称黄金分割数列）

8 公里约等于 5 英里

13 公里约等于 8 英里

21 公里约等于 13 英里

34 公里约等于 21 英里

55 公里约等于 34 英里

89 公里约等于 55 英里

注意这个数列 5，8，13，21，34，55，89 符合斐波那契数列。

其递增的数列为：0，1，1，2，3，5，8，13，21，34，55，89

（每一个数字为前面两数相加）

如果变换公里为英里，可利用下列方法：

由于 8 公里约等于 5 英里

我们因此得出：1 公里 $\approx \dfrac{5}{8}$ 英里

☻ **例题 1：将 40 公里转换为英里**

40 公里 $= 40 \times \dfrac{5}{8} = \dfrac{200}{8} = 25$ 英里

反之，变换英里为公里时，只需将所要变换的英里数乘以 $\dfrac{8}{5}$ 即可。

☻ **例题 2：变换 60 英里为公里**

60 英里 $= 60 \times \dfrac{8}{5} = \dfrac{480}{5} = 96$ 公里

13 判断数字能否被 9 及 11 整除

判断数字能否被 9 整除

如果将一个数中的每位数字相加，它们的和为 9，那么这个数即可被 9 整除。

请看下面例题：

☺ **例题 1：判断 18、567、59049 能否被 9 整除**

将 18 分解成 $1＋8＝9$，因此，18 可以被 9 整除。

567 可被分解成 $5＋6＋7＝18$，再将 18 分解成 $1＋8＝9$。因此，567 可以被 9 整除。

将 59049 分解成 $5＋9＋0＋4＋9＝27$，再将 27 分解成 $2＋7＝9$。因此，数字 59049 可以被 9 整除。

判断数字能否被 11 整除

请看下面例题：

☺ **例题 2：判断 23474 能否被 11 整除**

步骤 1： 从个位数开始与左边的相隔数字相加。

即 $4＋4＋2＝10$

步骤 2： 再从十位数开始与左边相隔数字相加。

即 $7 + 3 = 10$

步骤3：现在将上述两个结果相减（步骤1及步骤2）。若相减后得0，或相减后的结果能被11整除，则该数字可以被11整除。由于两个结果均为10，相减后得0，因此，23474可以被11整除。

☺ 例题3：判断2244能否被11整除

步骤1：$4 + 2 = 6$（从个位数开始与左边的相隔数字相加）

步骤2：同样，$4 + 2 = 6$（方法同例题2中的步骤2）

步骤3：现在将上述两个结果为6的数字相减，相减后得0。因此，2244可以被11整除。

☺ 例题4：判断8048能否被11整除

步骤1：$8 + 0 = 8$

步骤2：同样，$4 + 8 = 12$

步骤3：现在将上述两个结果8和12相减，相减结果不是0，也不能被11整除。

因此，8048无法被11整除。

14 快速乘以 10、100 及 1000 的方法

乘以 10、100 及 1000 的传统方法对加强概念上的理解是很重要的。但是，当学生不会直接计算 234 × 100 时，我们则需要借助其他的技巧或方法来帮助他们。

请计算 34 × 10

百位	十位	个位
	3	4

当计算任何数字乘以 10，只需将每个数字往左边移一位。

也就是将十位 3 变成百位 3，个位 4 变成十位 4。然后将 0 放于个位栏。将每个数字往左边移一位就可将数字扩大 10 倍。

如下所示：

百位	十位	个位
3	4	0

因此，34 × 10 = 340

再来练习 34 × 100

数字乘以 100 是同样的方法，我们只需乘以 10 后再乘以 10。

即将数字向左移动两位，就可使数字扩大 100 倍。

我们先将 34 分别放入个位及十位的位置中。

千位	百位	十位	个位
		3	4

34 乘以 100 就是将 3 从十位数的位置移动至左边的千位数的位置，再将 4 从个位数的位置移动至左边的百位数的位置。

如下所示：

千位	百位	十位	个位
3	4	0	0

因此，$34 \times 100 = 3400$

这个技巧对乘以 10 或 100 的计算相当重要。相同的方法也可以用于乘以 1000、10000 或其他 10 的 n 次方的计算。

同时，100、1000、10000 或其他 10 的 n 次方值有一个简写方法。

$100 = 10^2$（10 的平方，即 10×10）

$1000 = 10^3$（10 的立方，即 $10 \times 10 \times 10$）

$10000 = 10^4$（10 的 4 次方，即 $10 \times 10 \times 10 \times 10$）

$1000000 = 10^6$（10 的 6 次方，即 $10 \times 10 \times 10 \times 10 \times 10 \times 10$）

更大数的 10 的 n 次方以此类推。

15 两个两位数相乘的运算技巧

下列方法为你提供一般规则，无须考虑到基数，且永远有效。

☻ **例题 1：计算 22 × 31**

$$22$$
$$\times \quad 31$$

＝第一部分，中间部分，最后部分

我们最后再算答案中的中间部分。

答案中的第一部分为 $2 \times 3 = 6$（十位数的两数相乘）

最后部分为 $2 \times 1 = 2$（个位数的两数相乘）

中间部分为 $2 \times 1 + 2 \times 3 = 8$（交叉的两数相乘后再相加）

因此，答案是 682（第一部分为 6，中间部分为 8，最后部分为 2）。

我们可以把上面的运算过程用箭头来表示，如下所示：

$$6 \, (6+2) \, 2$$

答案是 682。

由此，我们可以发现，答案中的第一部分为第一个箭头所示的十位数中的两数相乘，即 6。同样，答案中的最后部分为个位数中的两数相乘，即 2。答案中的中间部分为交叉的两数相乘后再相加，即 $2 \times 1 + 2 \times 3 = 2 + 6 = 8$。

因此，$22 \times 31 = 682$

● **例题 2：计算 41 × 21**

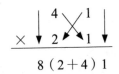

$$\begin{array}{c} 4 \quad 1 \\ \times \quad 2 \quad 1 \\ \hline 8 (2+4) 1 \end{array}$$

答案中的第一部分为 $4 \times 2 = 8$（十位数中的两数相乘）

最后部分为 $1 \times 1 = 1$（个位数中的两数相乘）

中间部分为 $4 \times 1 + 1 \times 2 = 6$（交叉的两数相乘后再相加）

因此，答案是 861（第一部分为 8，中间部分为 6，最后部分为 1）。

● **例题 3：计算 72 × 21**

$$\begin{array}{c} 7 \quad 2 \\ \times \quad 2 \quad 1 \\ \hline 14 (7+4) 2 \end{array}$$

答案中的第一部分为 $7 \times 2 = 14$

最后部分为 $2 \times 1 = 2$

中间部分为 $7 \times 1 + 2 \times 2 = 11$，我们留 1 进位 1。

因此，答案是 1512。

为了熟练运用这个方法我们需要多加练习。

☺ **例题 4：计算 58 × 34**

$$
\begin{array}{r}
58 \\
\times \quad 34 \\
\hline
15 \quad 32 \\
4 \quad 4 \\
\hline
19 \quad 72
\end{array}
$$

答案中的第一部分为 $5 \times 3 = 15$

最后部分为 $8 \times 4 = 32$（我们留 2 进位 3）

中间部分为 $5 \times 4 + 8 \times 3 = 44$（我们留 4 进位 4）

因此，答案是 1972。

计算两位数乘以一位数：

☺ **例题 5：计算 58 × 4**

我们将它改写成 58×04，然后方法同上。

$$
\begin{array}{r}
58 \\
\times \quad 04 \\
\hline
0 \quad 32 \\
2 \quad 0 \\
\hline
2 \quad 32
\end{array}
$$

答案中的第一部分为 $5 \times 0 = 0$

最后部分为 $8 \times 4 = 32$（我们留 2 进位 3）

中间部分为 $5 \times 4 + 8 \times 0 = 20$

因此，答案是 232。

☺ 例6：计算 82 × 8

同上，我们只需将其改写成 82 × 08。

$$
\begin{array}{r}
| \quad 82 \quad | \\
\times \quad \downarrow \, 08 \, \downarrow \\
\hline
0 \quad 16 \\
6 \quad 4 \\
6 \quad 56 \\
\end{array}
$$

答案中的第一部分为 $8 \times 0 = 0$

最后部分为 $2 \times 8 = 16$（我们留 6 进位 1）

中间部分为 $8 \times 8 + 2 \times 0 = 64$

因此，答案是 656。

16 计算基数为 100 的乘法

让我们先来计算 95 × 88

利用基数 100

我们可以写成如下式子：

原来的数字　　　与 100 的差值

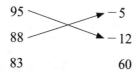

$$95 \quad\quad -5$$
$$88 \quad\quad -12$$
$$83 \quad\quad\quad 60$$

答案是 8360。

你可以发现交叉相减及垂直相乘后答案分别是 83 和 60。83 是答案中的第一部分，由箭头交叉相减而来，60 为右边垂直两数字相乘而来。

因此，答案是 8360。

（注意：无论以哪一个箭头进行交叉相减，答案都不会变。如 95－12 与 88－5 的答案一样，都是 83。）

☺ **例题 1：计算 93 × 99**

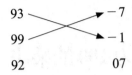

答案是 9207。

答案中的第一部分是利用交叉相减得 92，第二部分是右边垂直两数字相乘得 7。但要注意的是，由于我们刚才计算时所利用的是基数 100，因此碰到个位数时，需自动加上一个 0，所以 7 要改成 07 放在右边。

因此，答案是 9207。

让我们来计算超过 100 的数的乘法运算：

☺ **例题 2：计算 103 × 107**

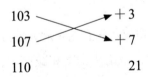

答案是 11021。

这次个位数是 + 3 及 + 7，103 表示比 100 多 3，107 表示比 100 多 7。因为交叉需相加，所以得 110。右边垂直两数字相乘得 21。

因此，答案是 11021。

现在让我们来计算需要进位的乘法：

☺ 例题 3：计算 78 × 89

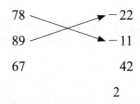

$$78 \quad \quad -22$$
$$89 \quad \quad -11$$
$$67 \quad \quad \quad 42$$
$$2$$

答案是 6942。

答案中的第一部分是利用交叉相减得 67，第二部分是右边垂直两数字相乘得 242，我们留 42 进位 2。

因此，答案是 6942。

练习题 请用上述方法计算下列各题：

（1）96 × 95

（2）88 × 92

（3）78 × 92

（4）102 × 108

（5）106 × 104

（6）95 × 85

（7）87 × 93

17 计算基数为 50 的乘法

方法与上一节相同，但由于基数 50 是基数 100 的一半。因此需将答案中的第一部分除以 2。

● **例题 1：计算 34 × 48**

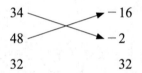

（因为基数是 50，答案中的第一部分为 32，它的一半为 16。）

答案中的第一部分是利用交叉相减得 32，而第二部分为右边垂直两数字相乘得 32。由于计算是利用基数 50，将第一部分的值除以 2，得 16。

因此，答案是 1632。

● **例题 2：计算 38 × 48**

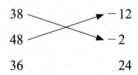

（因为基数是 50，答案中的第一部分为 36，将 36 除以 2 为 18。）

答案中的第一部分是利用交叉相减得 36，而第二部分为右边垂直两数字相乘得 24。由于计算是利用基数 50，需将第一部分的值除以 2，得 18。

因此，答案是 1824。

☺ **例题 3：计算 37 × 39**

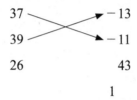

答案中的第一部分是利用交叉相减得 26，第二部分为右边垂直两数字相乘得 143（留 43 进位 1）。由于计算是利用基数 50，需将第一部分除以 2 再加上刚进位的 1，得 14（即 26÷2＋1＝14）。

因此，答案是 1443。

18 任何数字乘以 12 的快速计算方法

计算任何数字乘以 12，最快速的方法即将被乘数乘以 10 后，再加上被乘数的倍数。

☺ **例题 1**：**计算 8 × 12**

方法：8 乘以 10 后，再加上 8 的倍数。

先计算 $8 \times 10 = 80$

由于 8 的 2 倍是 16

那么 $80 + 16 = 96$

因此，$8 \times 12 = 96$

☺ **例题 2**：**计算 27 × 12**

方法：27 乘以 10 后，再加上 27 的倍数。

先计算 $27 \times 10 = 270$

接下来 27 的 2 倍是 54

因此，$27 \times 12 = 270 + 54 = 324$

☺ **例题 3**：**计算 75 × 12**

方法：先计算 75 乘以 10 后，再加上 75 的倍数。

$75 \times 12 = 75 \times 10 + 2 \times 75 = 900$

因此，$75 \times 12 = 900$

19 除以 2、4 及 8 的快速计算方法

当一个数除以 2 时，只需要将该数字减半。

（有些学生发现，像 13 这样的数字很难减半。现在有一个替换的方法，就是将该数字乘以 5，再除以 10。）

除以 4 时，只需减半再减半。

除以 8 时，则需减半、减半、再减半。

☺ 例题 1：$268 \div 4 = 268 \div 2 \div 2$
$$= 134 \div 2$$
$$= 67$$

☺ 例题 2：$568 \div 8 = 568 \div 2 \div 2 \div 2$
$$= 284 \div 2 \div 2$$
$$= 142 \div 2$$
$$= 71$$

☺ 例题 3：$65 \div 4 = 65 \div 2 \div 2$
$$= 32.5 \div 2$$
$$= 16.25$$

除以 5 及 25

除以 5

最好的方法就是先乘以 2 再除以 10。

● 例题 1：$120 \div 5 = (120 \times 2) \div 10 = 240 \div 10 = 24$

● 例题 2：$127 \div 5 = (127 \times 2) \div 10 = 254 \div 10 = 25.4$

● 例题 3：$3432 \div 5 = (3432 \times 2) \div 10 = 6864 \div 10 = 686.4$

以此类推，若是除以 50，则需先乘以 2 再除以 100。

除以 25

最好的方法就是先乘以 4 再除以 100。

● 例题 1：$240 \div 25 = (240 \times 4) \div 100 = 960 \div 100 = 9.6$

● 例题 2：$700 \div 25 = (700 \times 4) \div 100 = 2800 \div 100 = 28$

20 以巧妙的方法计算数字除以 9

假如我们要计算两位数除以 9，下面例题中的方法将使我们计算起来更加方便快捷。

☺ **例题 1：计算 12 ÷ 9**

　方法：将式子写成 9 ｜ 1 / 2（将 12 分解成 1 和 2）

　　　　　　　　　　 / 1（将被除数 12 的第一个数字放到右边）

答案是商为 1，余数为 3。

（余数为被除数中的数字之和，即 1＋2，商为被除数中的第 1 个数字。）

当我们要计算 12 除以 9 时，可以将算式重写如上：先将被除数的第一个数字放到右边，注意到"2"的底下是"1"。现在只要将斜线右边的两个数字相加起来就得到答案了。也就是商为 1，余数为 3。

☺ **例题 2：计算 31 ÷ 9**

　将式子写成 9 ｜ 3 / 1（将 31 分解成 3 和 1）

　　　　　　　　 / 3（将被除数 31 的第一个数字放到右边）

答案是商为 3，余数为 4（余数的计算方法同例题 1 相同）。

☻ **例题 3：计算 42 ÷ 9**

将式子写成 9 ∣ 4 / 2（将 42 分解成 4 和 2）

／4（将被除数 42 的第一个数字放到右边）

答案是商为 4，余数为 6。

☻ **例题 4：计算 53 ÷ 9**

将式子写成 9 ∣ 5 / 3（将 53 分解成 5 和 3）

／5（将被除数 53 的第一个数字放到右边）

答案是商为 5，余数为 8。

那么，三位数除以 9 怎么办呢？让我们一起来看看下面的例题：

☻ **例题 5：计算 161 ÷ 9**

将式子写成 9 ∣ 16 / 1（将 161 分解成 16 和 1）

1 / 7（将被除数 161 的第一个数字"1"放到左边，被除数 161 的前两个数字相加的得数放到右边，即 1 ＋ 6 ＝ 7）

答案是商为 17，余数为 8。

上面的方法是先将被除数 161 分解成 16 和 1，接下来将被除数 161 的第一个数字"1"放到第二个数字"6"的下面，再将被除数 161 的前两个数字之和放到右边。然后，我们再将上下两栏相加，即可得到答案。

下面再做两个练习来熟悉这个方法：

☺ **例题 6：计算 103 ÷ 9**

将式子写成 9 ∣ 10 / 3（将 103 分解成 10 和 3）

　　　　　　　　　1 / 1（将被除数 103 的第一个数字"1"放
　　　　　　　　　　　到左边，再将被除数 103 的前两个数字
　　　　　　　　　　　相加的得数放右边，即 1 + 0 = 1）

答案是商为 11，余数为 4。

☺ **例题 7：计算 521 ÷ 9**

将式子写成 9 ∣ 52 / 1（将 521 分解成 52 和 1）

　　　　　　　　　5 / 7（将被除数 521 的第一个数字"5"放到
　　　　　　　　　　　左边，再将被除数 521 的前两个数字
　　　　　　　　　　　相加的得数放右边，即 5 + 2 = 7）

答案是商为 57，余数为 8。

我们再来练习需要进位的三位数除以 9 的简便方法：
要注意的是，若余数大于除数，我们还需进一位数到左边。

让我们用同样的方法计算下题：

☺ **例题 8：计算 138 ÷ 9**

9 ∣ 13 / 8（将 138 分解成 13 和 8）

　　　　1 / 4（将被除数 138 的第一个数字"1"放到左边，再将
　　　　　　被除数 138 的前两个数字相加的得数放到右边，
　　　　　　即 1 + 3 = 4）

答案是商为 14，余数为 12。

由于余数 12 大于 9，我们可以将 12 再除以 9 一次。需进一位，余数为 3。因此，最后的答案是商为 15，余数为 3。

我们再来练习一道需进位的除法算式题：

☻ **例题 9：计算 237 ÷ 9**

9 ∣ 23 / 7（将 237 分解成 23 和 7）

　　　 2 / 5（将被除数 237 的第一个数字"2"放到左边，再将

　　　　　　被除数 237 的前两个数字相加的得数放到右边，

　　　　　　即 2 ＋ 3 ＝ 5）

答案是商为 25，余数为 12。

由于余数 12 还能再除以 9 一次，因此最后的答案是商为 26，余数为 3。

21 除以 11 的窍门

下面给大家提供一个巧妙的方法，该方法可以让你轻松计算除以 11 的算式题。先将被除数的第一个数字放在第二个数字底下，将两者相减得到的值放到第三个数字底下，然后再相减，以此类推向右计算。

☺ **例题 1：561 ÷ 11**

$$561$$

$$51$$

请注意：将被除数的第一个数字放在第二个数字下面，然后相减得到的值再放到第三个数字下面，再相减后得 0，故表示没有余数，商为 51。

☺ **例题 2：56787 ÷ 11**

$$56787$$

$$5162 \quad 余 5$$

因此，答案是商为 5162，余数为 5。

22 有趣的分数

首先让我们以 $\frac{1}{19}$ 为例，用一种有趣的方法将其转换成小数点后十八位的数字：

（1）从小数点最后一个数字开始，我们放	1
（2）再把这个数字乘以 2 后的值放到左边。即	21
（3）2 的 2 倍，得 4，将它放到左边。即	421
（4）4 的 2 倍，得 8，将它放到左边。即	8421
（5）8 的 2 倍，得 16，留 6 进位 1。即	68421
（6）6 的 2 倍加 1，得 13，留 3 进位 1。即	368421

由此我们看到，这个方法一直在重复进行 2 倍的计算程序及注意是否需要进位，直至计算到十八位数字为止。因为它是循环小数，所以可以这样重复计算下去。

在此我们必须明确一个基本概念，即两个有理数相除，若除不尽，商一定是循环小数。

最后，分数 $\frac{1}{19}$ 转换至小数点后十八位的数字如下：

0.052631578947368421

请注意：你若只转换到小数后面九位数，接下来，后半部分的九位数数字要从最右边开始并依次向左边算起，每位数字分别与前半部分相对应的数字相加为 9。

8＋1＝9（1 即为后半部分的最右边数字）

8 的左边为 7，7＋2＝9（2 即为后半部分最右边的第二个数字）

现在让我们来把分数 $\frac{1}{7}$ 转换成小数（仅保留小数点后六位数字）

你只需要算出前三个数字，即 0.142。

剩下的数字均为与 9 的差，即 0.142857。

由此我们发现一个有趣的现象，即已知循环小数从某一数字后开始循环，那么该数字前面的小数可以从中间分成两部分，且前、后两部分对应的数字相加均为 9。

将循环小数转换成分数

😊 **例题 1：将循环小数 0.5555……转换成分数**

设 r＝0.55555……

我们先将等号两边同时乘以 10

即 10r＝5.5555……

然后再把 $10r = 5.5\cdots\cdots$ 减去原来的 $r = 0.5555\cdots\cdots$

即 $9r = 5$

因此，$r = \dfrac{5}{9}$

☺ 例题 2：将 0.2121······转换成分数

设 $r = 0.212121\cdots\cdots$

先将等号两边同时乘以 100

即 $100r = 21.2121\cdots\cdots$

然后再把 $100r = 21.2121\cdots\cdots$ 减去原来的 $r = 0.2121\cdots\cdots$

即 $99r = 21$

因此，$r = \dfrac{21}{99} = \dfrac{7}{33}$

23 如何估算

我们现在来进行四舍五入至 10（十位）、100（百位）及 1000（千位）。

规则：若是右边的数字小于 5，则舍去该数字改为 0。反之，若是大于或等于 5，则需舍去该数字再进位 1 至左边数字。

☺ **例题 1：估算数字 271**

四舍五入至 10（十位），即 270。

四舍五入至 100（百位），即 300。

☺ **例题 2：估算 5382 至 10（十位）、100（百位）及 1000（千位）**

估算 5382 至 10（十位），四舍五入后为 5380。

估算 5382 至 100（百位），四舍五入后为 5400。

估算 5382 至 1000（千位），四舍五入后为 5000。

这个规则也适用于小数点后的数字。

☺ **例题 3：估算 3.7653 至小数点后三位、小数点后二位及小数点后一位**

估算 3.7653 至小数点后三位，四舍五入后为 3.765。

估算 3.7653 至小数点后二位，四舍五入后为 3.77。

估算 3.7653 至小数点后一位，四舍五入后为 3.8。

估算 3.7653 至整数，四舍五入后为 4。

24 有效数字法
(Significant figures, s.f.)

当你要换算有效数字时，首先要把数字的位数搞清楚。

有效数字一般是指从第一个非 0 的数字算起的所有数字。那么，第一个数字就是第一个有效数字。

● **例题 1：将 53.6 保留一位有效数字（1s.f.）**
答案是 50（不是 5）。

● **例题 2：将 262.7 保留一位有效数字（2s.f.）**
答案是 260（不是 26）。

● **例题 3：将 0.0384 保留一位有效数字（1s.f.）**
答案是 0.04（从第一个非 0 的数字算起）。

注意：首先要找对有效数字的位数再来进行四舍五入。

例如：计算 187 × 9

首先，我们可以找出 187 及 9 的有效数字，即 190 和 10，那么可以看出，187 和 9 相乘的答案一定小于 190 × 10，也就是小于 1900。这样一来，便给我们提供了一个大概的答案。它虽然不会是最正确的答案，但它却可以给我们提供一个最接近正确答案的数字。

让我们再来练习一个习题：

计算（2.2 × 7.12）÷ 4.12

我们可以快速估算答案约等于（2 × 7）÷ 4 ＝ 14 ÷ 4，即约等于 3.5，四舍五入至整数，则为 4。

实际上本题准确的答案是 3.8（精确到小数点后一位）。

现在你会发现，使用有效数字可以帮助我们更好地进行估算。

25 科学记数法

科学记数法（scientific notation）可以很方便地表示一些较大及较小的数。

☻ **例题 1：以科学记数法表示 3 百万**

3 百万 = 3000000 = 3 × 1000000

接下来，3 × 1000000 = 3 × 10^6

因此，3 × 10^6 就是你所要的科学记数法。

（基本的诀窍是，先数出有多少个 0，再换成 10 的多少次方。）

☻ **例题 2：以科学记数法表示 4000000**

我们知道 4000000 = 4 × 1000000

因此，我们可以将 4 × 1000000 写成 4 × 10^6，这就是科学记数法。

☻ **例题 3：以科学记数法表示 4500000**

我们知道 4500000 = 4.5 × 1000000

因此，我们可以将 45×1000000 写成 4.5×10^6，这就是科学记数法。

现在让我们再来试试较小的数字：

☻ **例题 4：以科学记数法表示 0.0004**

我们可以将 0.0004 改写成 $4 \div 10000$

还可以将 $4 \div 10000$ 写成 $\dfrac{4}{10 \times 10 \times 10 \times 10} = 4 \times 10^{-4}$

注意：$\dfrac{1}{10} = 10^{-1}$，$\dfrac{1}{100} = 10^{-2}$，$\dfrac{1}{1000} = 10^{-3}$，$\dfrac{1}{10000} = 10^{-4}$

结论：

以科学记数法表示一个数字时，可以把该数字改写成 $a \times 10^n$，其中 $1 \leqslant a < 10$（a 大于或等于 1 且小于 10，n 为一个正整数或负整数）。

26 乘法复习

基数为 1000 和基数为 500 的乘法

前面我们已经学习了用基数来辅助计算乘法的方法，下面让我们一起来练习基数为 1000 的乘法计算：

☺ **例题 1：计算 892 × 998**

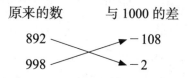

使用一般规则，即交叉相减及垂直相乘得出如下结果：

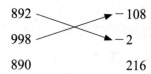

答案是 890216。

☺ **例题 2：计算 987 × 992**

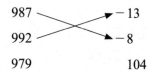

答案是 979104。

使用一般规则，即交叉相减及垂直相乘得出以上结果。

☺ **例题 3：计算 850 × 996**

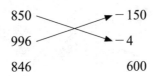

答案是 846600。

我们再来看一个超过 1000 的数的乘法例题：

☺ **例题 4：计算 1021 × 1030**

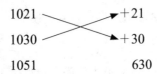

答案是 1051630。

请记住：将前面章节中有关基数的算式，运用在这个例题中，我们先交叉相加得 1051，即为答案的第一部分，而第二部分为右边两数字垂直相乘，得 630。因此，答案是 1051630。

接下来，让我们看一看被乘数和乘数都接近 500 的乘法该如何计算？

请先牢记：500 是基数 1000 的一半

即 500=1000÷2

😊 例题 1：计算 492 × 486

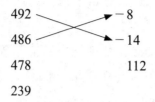

$$
\begin{array}{ll}
492 & \rightarrow -8 \\
486 & \rightarrow -14 \\
478 & \quad\ 112 \\
239 &
\end{array}
$$

答案是 239112。

（由于计算时采用的基数为 500，因此需将 478 除以 2，得 239。）

让我们再来复习一次这个步骤：交叉相减得 478，垂直相乘得 112。由于我们计算时采用的基数为 500，所以需要将第一步的值减半，即 478÷2 得 239。因此，最后的答案是 239112。

😊 例题 2：计算 476 × 470

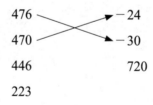

$$
\begin{array}{ll}
476 & \rightarrow -24 \\
470 & \rightarrow -30 \\
446 & \quad\ 720 \\
223 &
\end{array}
$$

答案是 223720。

方法同上，交叉相减得 446，垂直相乘得 720。由于我们计算时采用的基数为 500，所以需要将第一步的值减半，即 446÷2 得 223。因此，最后的答案是 223720。

　　掌握这个方法后，你会注意到，任何基数都可以被拿来辅助计算。

　　但值得注意的是，如果利用其他基数来进行计算，则需要依比例调整计算的结果。例如：以基数20来计算，表示你利用二倍的基数10；以基数50来计算，表示你利用基数100的一半。用这种方法你就可以快速地计算出任何数的乘法。

　　如果乘法计算中的乘数与被乘数差别很大，无法决定用哪个基数来计算，怎么办？

　　很幸运，我们还有一个针对三位数乘以三位数的技巧，它可延伸为"多位数乘以多位数"。这个技巧类似前面所讲的两位数乘以两位数的计算方法，在下一章节中将会给大家解释说明。

27 计算三位数乘以三位数的一般方法

现在假设我们要计算三位数 abc 乘以三位数 def。

你如果觉得这些步骤很难理解，不要担心，只要多练习一些习题，就会发现计算它们并不难。

问题：三位数 abc 乘以三位数 def

与前面所述的两位数乘以两位数的计算过程相似，采用垂直相乘及交叉相减或相加的方法。（请注意，答案分成五个部分。）

计算步骤如下：

步骤 1：垂直相乘。第一部分及最后一部分的答案是垂直相乘。

如下所示：

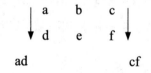

答案中的第一部分是 ad。最后一部分是 cf。

（第一部分的答案是 a 乘以 d，最后一部分的答案是 c 乘以 f。）

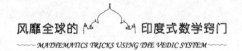

步骤 2：交叉相乘再相加。如下所示：

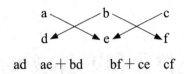

ad　ae＋bd　bf＋ce　cf

答案中的第二部分是前面两个箭头所指的数字相乘再相加。

即 ae＋bd

答案中的第四部分是后面两个箭头所指的数字相乘再相加。

即 bf＋ce

接下来我们还要找出中间部分。

步骤 3：依箭头所示，算出答案中的中间部分。

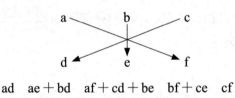

ad　ae＋bd　af＋cd＋be　bf＋ce　cf

答案中的中间部分依箭头所示，即 af＋cd＋be

你如果不熟悉代数，可能会觉得这个例题有点奇怪。不用担心，下面的例题则会帮助你了解并熟悉实际的计算过程，其实很简单。

☻ **例题1：计算 122×311**

由此可见，答案中的第一部分是 $1 \times 3 = 3$，答案中的最后部分是 $2 \times 1 = 2$。

现在，我们再来找出答案中的第二部分及第四部分的数字。

答案中的第二部分为前面两个箭头所指数字相乘再相加。

即 $1 \times 1 + 2 \times 3 = 7$

第四部分为后面两个箭头所指数字相乘再相加。

即 $2 \times 1 + 2 \times 1 = 4$

接下来我们需要找出中间部分。

1   2   2

3   1   1

3 7 9 4 2

依照箭头所示，答案的中间部分为 $1 \times 1 + 2 \times 3 + 2 \times 1 = 9$

因此，最后的答案是 37942。虽然解释这些例题用了很多时间，但是，比起传统的计算方法，这个方法显然要快捷很多。

☺ **例题2：计算 213×123**

2   1   3

1   2   3

2   9

答案中的第一部分为 $2 \times 1 = 2$，最后部分为 $3 \times 3 = 9$。

现在，我们再来找出答案中的第二部分及第四部分的数字。

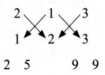

答案中的第二部分如箭头所示，即 $2 \times 2 + 1 \times 1 = 5$

而答案中的第四部分为 $1 \times 3 + 3 \times 2 = 9$

最后，只需再找出答案中的中间部分。

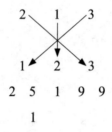

中间部分为 $2 \times 3 + 3 \times 1 + 1 \times 2 = 11$

由于 11 为两位数，我们需留 1 进一位。

因此，最后的正确答案是 26199。

如果你要计算的是三位数乘以两位数，也可利用上述方法。此时，你只需放一个 0 在该两位数的前面，再以同样的方法进行计算。

例如：234×51 可写成 234×051

最后，我们再用代数的原理来验证一下这个方法：

已知两数：$ax^2 + bx + c$

$\qquad\qquad dx^2 + ex + f$

可以计算：$(ax^2 + bx + c) \times (dx^2 + ex + f)$

$= adx^4 + aex^3 + ax^2f + bdx^3 + bex^2 + bfx + cdx^2 + cex + cf$

合并同类项后可得：

$adx^4 + (ae+bd)x^3 + (af+be+cd)x^2 + (bf+ce)x + cf$

若将 x 换成 10，我们可以得到两个三位数

即：$100a + 10b + c$ 和 $100d + 10e + f$

它们相乘得到的结果与本节**步骤 3** 所得到的结果相符。

由此可见，"垂直相乘及交叉相减或相加"的方法既简单又正确。

练习题 现在，请运用本节介绍的方法解答下列习题：

（1）213×111

（2）322×223

（3）412×132

（4）321×452

（5）611×521

（6）801×902

（7）566×23

（8）675×87

28 快速进行分数的加减计算

基本的方法就是取分数对角线的两个数字相乘再相加，得到新的分子，如下列箭头所示。此外，分母相乘得出新的分母。

☺ **例题 1：** 计算 $\dfrac{3}{7} + \dfrac{2}{5}$

将对角线的两个数字相乘再相加，同时将两分母相乘，我们即可得到这样的结果：

$$\dfrac{3}{7} + \dfrac{2}{5} = \dfrac{3 \times 5 + 7 \times 2}{35} = \dfrac{15 + 14}{35} = \dfrac{29}{35}$$

☺ **例题 2：** 计算 $\dfrac{4}{7} + \dfrac{1}{2}$

利用对角线中的两个数字相乘，得到下列结果：

$$\dfrac{4}{7} + \dfrac{1}{2} = \dfrac{4 \times 2 + 7 \times 1}{14} = \dfrac{8 + 7}{14} = \dfrac{15}{14}$$

注意：答案是 $\dfrac{15}{14}$，还可以继续约分成 $1\dfrac{1}{14}$。

● 例题 3：计算 $\dfrac{3}{7} - \dfrac{2}{5}$

　　此例题的算法与上述方法大致相同，但不同的就是将"＋"改成"－"。

$$\dfrac{3}{7} \diagdown \dfrac{2}{5} = \dfrac{3 \times 5 - 7 \times 2}{35} = \dfrac{15 - 14}{35} = \dfrac{1}{35}$$

　　（注意：计算分数减法时，其规则同上，但要在最后把"＋"改成"－"。）

29 带分数的加减法计算

计算带分数的加减法时，我们首先要进行整数部分的加减，再进行分数的计算。

☺ **例题 1**: $2\frac{2}{5} + 4\frac{3}{7}$

先将整数部分相加，$2 + 4 = 6$

再进行分数的计算，$\frac{2}{5} + \frac{3}{7}$ 即 $\frac{15+14}{35} = \frac{29}{35}$

因此，答案是 $6\frac{29}{35}$

☺ **例题 2**: $4\frac{3}{7} - 2\frac{2}{5}$

先将整数部分相减，再进行分数部分的计算。

$4\frac{3}{7} - 2\frac{2}{5} = 2\frac{15-14}{35} = 2\frac{1}{35}$

练习题 请计算下列各题：

(1) $2\frac{1}{5} + 4\frac{3}{8}$

(2) $6\frac{1}{3} + 4\frac{3}{7}$

(3) $3\frac{2}{9} + 2\frac{3}{11}$

(4) $7\frac{4}{5} - 4\frac{3}{7}$

30 分数的乘法

用传统的方法计算分数的乘法已经很有效率了，因此，我们无须再考虑其他方法。

☺ **例题 1**：$\dfrac{2}{3} \times \dfrac{5}{7} = \dfrac{10}{21}$

在本例题中，我们只需将分数线上面的两个数字相乘得出新的分子，再将分数线下面的两个数字相乘得出新的分母即可。

☺ **例题 2**：$\dfrac{10}{21} \times \dfrac{5}{7} = \dfrac{50}{147}$

将 10×5，得出分子是 50；再将 21×7，得出分母是 147。

31 分数的除法

计算分数的除法时，我们只需将第二个分数的分子与分母上下对调，然后再与前面的分数相乘即可。

让我们来看看下面的例题：

☺ **例题 1**：$\dfrac{1}{2} \div \dfrac{1}{4} = \dfrac{1}{2} \times \dfrac{4}{1} = 2$

步骤 1：将第二个分数的分子与分母上下对调，改写原分数，将除法变为乘法。

步骤 2：以一般的乘法规则计算该分数。

步骤 3：尽可能简化。在本题中，4 除以 2 得 2。

下面让我们再来看看复杂一点儿的例题：

☺ **例题 2**：$\dfrac{3}{5} \div \dfrac{2}{7} = \dfrac{3}{5} \times \dfrac{7}{2} = \dfrac{21}{10} = 2$ 余 1

答案是 2 余 1，也可以写成 $2\dfrac{1}{10}$（用余数 1 除以分数的分母 10）。

32 将带分数转换成假分数

将带分数$2\frac{1}{4}$转换为一个假分数

按照下列步骤可以将带分数转换成假分数：

步骤1：将原分数中的分母乘以整数部分，并加上分子作为新的分子。

在本例题中，新的分子为$2 \times 4 + 1 = 9$

步骤2：分母保持不变，其结果为$\frac{9}{4}$。

（即：新的分子÷原带分数的分母）

让我们再看一个例题：

将带分数$3\frac{3}{7}$转换为一个假分数

步骤1：将原分数中的分母乘以整数部分，并加上分子作为新的分子。

新的分子是$3 \times 7 + 3 = 24$

步骤2：再将其重写成新的分数。

最后，新的分子÷原带分数的分母，即$\frac{24}{7}$。

33 带分数相乘

请思考下面的例题：

☺ **例题 1：** $1\dfrac{1}{5} \times 1\dfrac{3}{8}$

该方法只需将两个带分数分别转换成假分数，再彼此相乘即可。如下所示：

$$1\dfrac{1}{5} \times 1\dfrac{3}{8} = \dfrac{6}{5} \times \dfrac{11}{8} = \dfrac{66}{40} = 1\dfrac{26}{40} = 1\dfrac{13}{20}$$

（注意：将 $\dfrac{26}{40}$ 约分成 $\dfrac{13}{20}$ ）

☺ **例题 2：** $1\dfrac{1}{3} \times 2\dfrac{2}{5}$

方法同上，将两个带分数分别转换成假分数再彼此相乘。

$$1\dfrac{1}{3} \times 2\dfrac{2}{5} = \dfrac{4}{3} \times \dfrac{12}{5} = \dfrac{48}{15} = 3\dfrac{3}{15} = 1\dfrac{1}{5}$$

34 带分数相除

☺ **例题1**：$1\frac{1}{2} \div 1\frac{1}{4}$

步骤1：将两个带分数分别转换成假分数。

步骤2：将第二个分数的分子和分母上下对调后，再彼此相乘。

$$1\frac{1}{2} \div 1\frac{1}{4} = \frac{3}{2} \div \frac{5}{4} = \frac{3}{2} \times \frac{4}{5} = \frac{12}{10} = 1\frac{2}{10} = 1\frac{1}{5}$$

☺ **例题2**：$2\frac{1}{3} \div 1\frac{1}{4}$

依上述的计算方法，我们得出：

$$2\frac{1}{3} \div 1\frac{1}{4} = \frac{7}{3} \div \frac{5}{4} = \frac{7}{3} \times \frac{4}{5} = \frac{28}{15} = 1\frac{13}{15}$$

练习题　请计算下列各题：

（1）$2\frac{3}{7} \times 1\frac{1}{2}$

（2）$3\frac{3}{4} \times 1\frac{1}{2}$

（3）$4\frac{2}{3} \times 1\frac{1}{2}$

（4）$2\frac{3}{4} \div 1\frac{1}{2}$

（5）$3\frac{3}{5} \div 1\frac{1}{5}$

35 找出同一数列中的第 N 个数值

☺ **例题 1：**

仔细观察这组数字 2, 4, 6, 8, 10, ……

如果我们要找出这个数列的一般公式，则可以写成 2n（2 代表它们之间的差，n 代表第几个数字）。

如果 n＝1，那么，第一个数字即为 2；如果 n＝2，则第二个数字为 2×2＝4；如果 n＝4，则第四个数字为 2×4＝8。以此类推。

我们要做的就是将适当的数字带入 n，即可以找出数列中对应的数值。因此，该数列中的第五十个数字为 2×50，即 100。

☺ **例题 2：**

试试一般的等差数列。如下所示：

a, a＋d, a＋2d, a＋3d, a＋4d, a＋5d, a＋6d, ……

由此我们可以发现，数列中的第二个数值为 a＋d

第三个数值为 a＋2d

第四个数值为 a＋3d

第五个数值为 a＋4d 或 a＋（5－1）d

第六个数值为 a＋5d 或 a＋（6－1）d

第七个数值为 a＋6d 或 a＋（7－1）d

因此，第 n 个数值为 a＋（n－1）d

如果把 1，2，3，4，5 等数字带入数列，即可得到数列中相应位置的数值。

☺ **例题 3：**

请找出下组数字中的第 n 个数值：

5，9，13，17，……

这是一组等差数列，因为该数列以相同的常数递增。

我们知道数列中的第 n 个数值为 a＋（n－1）d

在本例题中：a＝5（这是数列中的第一个数值）

d＝4（这是两个数字之间的差）

因此，第 n 个数值为

5＋（n－1）×4

＝5＋4n－4

＝4n＋1

☺ **例题 4：**

请找出下组数字中的第 n 个数值：

2，4，8，16，32，……

大多数人会认为第 n 个数值为 2n，如果 2n 是正确答案，则第三个数值应该为 6，而第四个数值应该为 8。所以 2n 并非为本组数列的正确答案，正确的答案应该是 2^n，即 2 的 n 次方。

因此，第二个数值应该为 $2×2$，而第三个数值应该为 $2×2×2$，第四个数值应该为 $2×2×2×2$，以此类推。

☺ **例题 5：**

　　请找出下组数字中的第 n 个数值：

　　1，3，6，10，15，21，……

　　本例题中的第 n 个数值为 $\dfrac{n(n+1)}{2}$。

☺ **例题 6：**

　　请找出下组数字中的第 n 个数值：

　　1，4，9，16，25，36，49，……

　　第 n 个数值为 n^2。

☺ **例题 7：**

　　请找出下组数字中的第 n 个数值：

　　1，8，27，64，125，……

　　本例题中的第 n 个数值为 n^3。

36 平方根

一般来说，如果一个数的平方等于 a，这个数就叫作 a 的平方根。平方根即二次方根，用符号"$\sqrt{}$"表示。

一个正数有两个平方根，其中属于非负实数的平方根称算术平方根，在此，我们只研究算术平方根，即正数。注意数字"0"只有一个平方根，即"0"本身。

😊 **例题 1：求 $\sqrt{16}$ 的值**

因为 $4 \times 4 = 16$，答案明显为 4。

让我们再来看看其他的平方根：

$\sqrt{25} = 5$

$\sqrt{36} = 6$

$\sqrt{49} = 7$

$\sqrt{121} = 11$

$\sqrt{100} = 10$

练习题 试着计算下面的习题：

（提示：想一想，算一算，看看哪个数字乘以自己等于平方根内的数。）

（1）$\sqrt{81}$

（2）$\sqrt{144}$

（3）$\sqrt{64}$

（4）$\sqrt{169}$

（5）$\sqrt{196}$

（6）$\sqrt{225}$

（7）$\sqrt{256}$

（8）$\sqrt{324}$

（9）$\sqrt{400}$

找出平方根

你想找出任何数字的平方根吗？下面的方法会帮助你巧妙地找到答案。

（提示：请准备一个计算器，这对你计算本例题的后半部分会有帮助。）

步骤 1： 试着猜出一个数字。

步骤 2： 将准备开根号的数字除以你所猜想的数字。

步骤 3： 将答案的数字和你所猜想的数字加以平均，重复步骤 2 及步骤 3，直到你找出一个合适的大约值为止。

☻ **例题 1：求** $\sqrt{12}$

　　步骤 1：让我们假设数字 3 为答案。

　　步骤 2：将 12 除以 3，得 4。

　　步骤 3：取两个数字的平均值 $\frac{3+4}{2}=3.5$。

由于 $35 \times 35 = 1225$，所以 $3.5 \times 3.5 = 12.25$。

我们再来看看是否可以改善我们的答案：

$12 \div 3.5 = 12 \div 3\frac{1}{2} = 12 \div \frac{7}{2} = 12 \times \frac{2}{7} = \frac{24}{7} = 3\frac{3}{7}$

$3\frac{3}{7} \approx 3.43$

计算出 3.5 及 3.43 的平均值，即 $\frac{3.5+3.43}{2}=3.465$。

即 12 开平方根后得 3.465。

我们发现，$3.465 \times 3.465 = 12.006225$，非常接近 12。

因此，3.465 是一个更接近的答案。

现在再看看你是否还可以找出更准确的答案。（可以使用计算器）

　　如果一开始就能猜出更接近的数，那么，你只需两次就可以找出更准确的答案。

37 立方及立方根

立方值

一个立方值可以用 x^3 来表示。

例如：5^3 即 $5 \times 5 \times 5 = 125$

同样，

$6^3 = 6 \times 6 \times 6 = 216$

$7^3 = 7 \times 7 \times 7 = 343$

$8^3 = 8 \times 8 \times 8 = 512$

$9^3 = 9 \times 9 \times 9 = 729$

$10^3 = 10 \times 10 \times 10 = 1000$

立方根

如果一个数 x 的立方等于 a，即 3 个 x 连续相乘等于 a，那么，这个数 x 就叫作 a 的立方根，也叫作三次方根。

例如：125 的立方根可以用 $\sqrt[3]{125}$ 来表示，左上角的数字 3 即为根指数，表示根号内的数字需要开立方。

我们知道 $5 \times 5 \times 5 = 125$，因此，$\sqrt[3]{125} = 5$。

现在教大家一种快速计算立方根的方法。

请认真观察数字 1 至 9 的立方值的最后一个数字。（下面一排是对应的立方值。）

1^3	2^3	3^3	4^3	5^3	6^3	7^3	8^3	9^3
1	8	27	64	125	216	343	512	729

你可以发现 1，4，6，9 的立方值的个位数数字，分别与上面数字 1，4，6，9 相同。

而且，数字 2，3，5，7 及 8 的立方值的个位数数字分别与原数字 2，3，5，7 及 8 的和为 10。

即数字 2，3，5，7 及 8 的立方值的个位数数字为 8，7，5，3 及 2。

因此，我们可以根据该立方数的个位数数字预测出此立方值的个位数数字。

☺ 例题 1：请找出 1728 的立方根

由于 $10 \times 10 \times 10 = 1000$，$20 \times 20 \times 20 = 8000$

所以，答案应该接近 10。

由于 1728 的最后一个数字为 8，故开根号后的值的个位数数字应为 2。

因此，1728 开根号后的值为 12。

☻ 例题 2：请找出 12167 的立方根

由于 $10 \times 10 \times 10 = 1000$，$20 \times 20 \times 20 = 8000$

答案似乎超过 20。

12167 的最后一个数字为 7，根据上述方法，开根号后的值的个位数数字应为 3。

因此，12167 的立方根为 23。

38 比率 (Proportions) 与比例 (ratios)

虽然比率（Proportions）与比例（ratios）较为相似，然而它们却各不相同。

请看下列长条图，共分成 10 个格子，其中 3 个格子划有斜线：

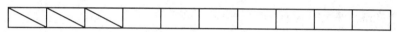

图中划有斜线的长方形格子的比率（Proportions）是 $\frac{3}{10}$。

然而，划有斜线的长方形格子与没有划斜线的长方形格子的比例（ratios）却是 3 : 7。

请思考下面的例题：

☺ **例题 1：**

将 100 以 1 : 4 的比例（ratios）分配，请问最大的比例（ratios）部分是多少？

方法： 总数 100 并被分成 5 份（要找出应计算的份数，只需将比例的比数相加即可，本题中为 1+4）。1 份相当于 20（100 除以 5），所以，4 份相当于 80。

因此，80 就是最大的比例（ratios）部分。

☻ **例题 2:**

将 1500 以 3∶5∶7 的比例（ratios）分配，请找出最小的比例（ratios）部分是多少?

方法: 1500 被分为 15 份，每一份值为 100（1500 除以 15）。

由于 3 是最小的比例（ratios）部分，相当于 300。

因此，最小比例部分的值是 300。

☻ **例题 3:**

两个长度的比例（ratios）为 3∶5。如果第一个长度是 150m，那么第二个长度是多少?

方法: 如果比例（ratios）为 3∶5，则长度的比例（ratios）为 150∶n。

由于 150 即 50 乘以 3，因此 n（即第二个长度）也必须是 50 乘以 5，也就是 250m。

因此，第二个长度是 250m。

有时候，比例（ratios）的形式可进一步简化。

如下面的例子:

(a) 可将 5∶10 用 1∶2 表示（两边均除以 5）

(b) 可将 4∶10 用 2∶5 表示（两边均除以 2）

(c) 可将 8∶60 用 4∶30 表示，再简化成 2∶15（两边均除以 2）

(d) 可将 15∶36 简化成 5∶12（两边均除以 3）

练习题 让我们算一算下列各题:

（1）约翰与班以 2 : 3 的比例（ratios）共享 $500。请算出两人各得多少钱?

（2）将 90kg 以 1 : 8 的比例（ratios）进行分配，请算出最大的比例部分。

（3）如果一个房间长宽的比例（ratios）为 3 : 2，当长度为 4.5m 时，房间的宽度是多少?

39 正整数与负整数的加减计算

你知道吗？当两个负数相加时，会得到一个更小的负数。

☻ **例题1：**（-4）+（-6）=-10

当你将一个正数与一个负数加在一起时，结果的正负符号会与比较大的那个数字的符号相同。

☻ **例题2：**（+6）+（-9）=-3，

反之（-6）+（+9）=+3

当一个正数或负数减去一个负数时，需注意下列变化。

☻ **例题3：**6-（-3），即6+3

因为负负得正，因此，-（-3）=+3

☻ **例题4：**7-（+3），即7-3

因为负正得负，因此，-（+3）=-3

在例题中，请注意-（-）=+，而+（-）=-

或-（+）=-

40 正整数与负整数的乘除计算

正整数与负整数的乘法计算

（＋）×（＋）＝＋（正整数乘以正整数得正整数）

（＋）×（－）＝－（正整数乘以负整数得负整数）

（－）×（＋）＝－（负整数乘以正整数得负整数）

（－）×（－）＝＋（负整数乘以负整数得正整数）

正整数与负整数的除法计算

（＋）÷（＋）＝＋（正整数除以正整数得正整数）

（＋）÷（－）＝－（正整数除以负整数得负整数）

（－）÷（＋）＝－（负整数除以正整数得负整数）

（－）÷（－）＝＋（负整数除以负整数得正整数）

结论：

无论是乘法还是除法，相同符号相乘除时，答案为正；而不同符号相乘除时，答案为负。

41 数学计算的顺序

数学计算的顺序：先算数字的指数，然后，先乘除后加减。这些计算顺序必须正确，否则就会出现错误。

我们把这个顺序简称为 BODMAS。

BODMAS 的规则为：

（1）先算括号（**Brackets**）内

（2）再算一个数字的指数（p**O**wers of a number）

例如：平方、立方或平方根等

（3）然后，计算除（**Division**）、乘（**Multiplication**）

（4）最后，计算加（**Addition**）、减（**Subtraction**）

☻ **例题 1：计算 $2 \times (4+6) - 4$**

方法：先算括号内的运算，再乘以 2，得 20。最后减 4，得 16。

因此，$2 \times (4+6) - 4 = 16$

☻ **例题 2：$3 \times 4^2 + 13 \times (7-2)$**

第一部分先算 3×16（相乘前先算平方数）

第二部分计算 13×5（先算括号内再相乘）

第一部分为 48，而第二部分为 65。

两个数相加后为 113。

因此，$3 \times 4^2 + 13 \times (7 - 2) = 113$

除了 BODMAS 外，数学计算顺序还有下面两个常用的简称。

BIDMAS

这个简称与 BODMAS 相似，只是说法稍微有所变化。

BIDMAS：括号（**Brackets**）、指数（**Indices**）、除（**Division**）、乘（**Multiplication**）、加（**Addition**）、减（**Subtraction**）

PEMDAS

在美国常用这个简称来教学。

PEMDAS：圆括号（**Parenthesis**）、指数（**Exponent**）、乘（**Multiplication**）、除（**Division**）、加（**Addition**）、减（**Subtraction**）

所以，请牢记 BODMAS，BIDMAS 或 PEMDAS。

42 巧解二元一次方程组
（Simultaneous Equations）

下面我们介绍一种快速解二元一次方程组的方法。这种方法很简单，只要掌握对角线相乘并相减的规则即可。

至于该方法为何有用，我们会在后面解释。

☺ **例题 1：**

请解下列二元一次方程组：

$$\begin{cases} 2x + 4y = 5 \\ 3x + 5y = 9 \end{cases}$$

将上式改写如下：

2x ＋ 4y ＝ 5

3x ＋ 5y ＝ 9

$$x = \frac{分子}{分母}$$

分子＝ 4 × 9 － 5 × 5 ＝ 36 － 25 ＝ 11（依循对角线方向，即第一个箭头为 4 乘以 9，第二个箭头为 5 乘以 5，然后两者相减。）

分母也是利用对角线规则，如箭头所示：

$$2x + 4y = 5$$

$$3x + 5y = 9$$

同样，分母为 $4 \times 3 - 5 \times 2 = 12 - 10 = 2$

所以 $x = \dfrac{11}{2} = 5.5$

将 $2x + 4y$ 改写成 $4y + 2x$。同时也改写第二个方程式，如下所示。最后，利用对角线规则，方法同上。

$$4y + 2x = 5$$

$$5y + 3x = 9$$

分子为 $2 \times 9 - 5 \times 3 = 18 - 15 = 3$

分母为 $2 \times 5 - 4 \times 3 = 10 - 12 = -2$

因此，$y = 3 \div (-2) = -1.5$

现在我们可以检查其中一个方程式，看看答案是否正确。

我们有 $2x + 4y = 5$

将求出的 x 及 y 的值代入该方程式中，即得出：

$$2 \times 5.5 + 4 \times (-1.5) = 11 - 6 = 5$$

☺ **例题 2**：

请解下列二元一次方程组：

$$\begin{cases} 5x - 8y = 11 \\ 3x - 7y = 10 \end{cases}$$

将上式改写如下：

$$5x - 8y = 11$$

$$3x - 7y = 10$$

$$x = \frac{分子}{分母}$$

分子 $= (-8) \times 10 - (-7) \times 11 = -80 + 77 = -3$

分母也是利用下列箭头所示的对角线相乘再相减规则：

$$5x - 8y = 11$$

$$3x - 7y = 10$$

分母 $= (-8) \times 3 - 5 \times (-7) = -24 + 35 = 11$

即 $x = -\dfrac{3}{11}$

如要找出 y，需要将 x 项及 y 项对调，并执行对角线相乘规则。具体步骤如下：

$$-8y + 5x = 11$$

$$-7y + 3x = 10$$

分子为 $5 \times 10 - 3 \times 11 = 50 - 33 = 17$

分母为 $5 \times (-7) - (-8) \times 3 = -35 + 24 = -11$

即 $y = -\dfrac{17}{11}$

现在我们可以检查其中一个方程式，看看答案是否正确。

请想一想第一个原始方程式：$5x-8y=11$

将求出的 x 及 y 的值代入该方程式中，得出：

$$5\times\left(-\frac{3}{11}\right)-8\times\left(-\frac{17}{11}\right)$$

$$=-\frac{15}{11}+\frac{136}{11}$$

$$=\frac{121}{11}$$

$$=11$$

实际上，我们可以用两个方程式：$ax+by=c$ 及 $dx+ey=f$ 来求 x 及 y 的值。下面我们用一般的方法求出 x 及 y 的值，你会发现得出的结果与上面的方法相一致。

验证：$ax+by=c$（1）及 $dx+ey=f$（2）

从（2）中，$y=\dfrac{f-dx}{e}$

替换（1）中的 y，即 $ax+\dfrac{b\,(f-dx)}{e}=c$

简化式子后，即 $aex+b\,(f-dx)=ce$

$aex+bf-bdx=ce$

$x\,(ae-bd)=ce-bf$

因此，$x=\dfrac{ce-bf}{ae-bd}$ 或 $x=\dfrac{bf-ce}{bd-ae}$

这时你会发现它们的分子为 $bf-ce$，分母为 $bd-ae$，与前面方法得出的结果一致。

替换方程式（2）中的 x 再求出 y 的值。

43 三角函数（Trigonometry）

直角三角形的三角函数公式

有关直角三角形，你必须知道：

正弦函数（Sine）=直角三角形的对边（Opposite Side）与斜边（Hypotenuse）的比例

即正弦函数（Sine）=直角三角形的对边÷斜边

余弦函数（Cosine）=直角三角形的邻边（Adjacent Side）与斜边（Hypotenuse）的比例

即余弦函数（Cosine）=直角三角形的邻边÷斜边

正切函数（Tangent）=直角三角形的对边（Opposite Side）与邻边（Adjacent Side）的比例

即正切函数（Tangent）=直角三角形的对边÷邻边

你也可牢记：SOH－CAH－TOA

$$SOH- \qquad SIN=\frac{对边}{斜边}$$

CAH – 　　　　$COS = \dfrac{邻边}{斜边}$

TOA – 　　　　$TAN = \dfrac{对边}{邻边}$

即 $Sin(A) = \dfrac{a}{c}$

　　$Cos(A) = \dfrac{b}{c}$

　　$Tan(A) = \dfrac{a}{b}$

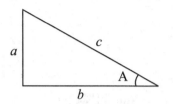

利用上述公式及勾股定理，我们可以证明：

$Sin^2x + Cos^2x = 1$

证明：请看下面三角形：

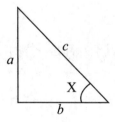

我们知道该三角形中

$Sinx = \dfrac{a}{c}$, $Cosx = \dfrac{b}{c}$

因此，$Sin^2x + Cos^2x = \left(\dfrac{a}{c}\right)^2 + \left(\dfrac{b}{c}\right)^2$

即 $Sin^2x + Cos^2x = \dfrac{a^2 + b^2}{c^2}$

从勾股定理中我们得出：$a^2 + b^2 = c^2$

因此，$Sin^2x + Cos^2x = \dfrac{c^2}{c^2} = 1$

非直角三角形的三角函数公式

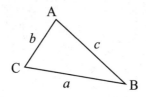

Sine 的规则：

$$\dfrac{a}{\sin A} = \dfrac{b}{\sin B} = \dfrac{c}{\sin C}$$

Cosine 的规则：

$$a^2 = b^2 + c^2 - 2bc\cos A$$

$$b^2 = a^2 + c^2 - 2ac\cos B$$

$$c^2 = a^2 + b^2 - 2ab\cos C$$

（注意：虽然公式有三种版本，但其形态都是一样的。）

☻ **例题 1：三角形的已知条件如下图所示，求角 B**

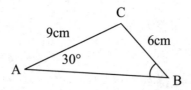

利用 Sine 的规则：$\dfrac{a}{\sin A} = \dfrac{b}{\sin B}$ 将已知的角度及边长带入

即 $\dfrac{6}{\sin 30} = \dfrac{9}{\sin B}$

则 $SinB = \dfrac{9 \times Sin30}{6} = 0.75$

因此，角度 B = 48.6°

● **例题 2：已知条件如下图所示，求角 B**

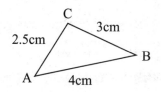

利用 Cosine 的规则，$b^2 = a^2 + c^2 - 2acCosB$

所以，$CosB = \dfrac{a^2 + c^2 - b^2}{2ac} = \dfrac{9 + 16 - 6.25}{24} = 0.78125$

因此，B = 38.6°

44 基础统计

首先，我们要思考"平均"的不同形态。

有关"平均"，请牢记 MMMR。

第一个 M 即为平均值（Mean）

第二个 M 即为中位数（Median）

第三个 M 即为众数（Mode），R 即为全距（Range）

下面我们来介绍这些概念的含义：

平均值（Mean）： 就是将所有数值相加之后，除以数值的个数。

中位数（Median）： 为一组数字按照顺序排列后的中间数字。

众数（Mode）： 在一组数值中出现最多次的数值就是该组数值的众数。

全距（Range）： 全距是指在一组数据资料中的最大值与最小值的差距。

注意： 平均值（Mean）$= \dfrac{\sum fx}{N}$

（请参考例题 7）

● **例题1：** 请找出下面这一组数列的平均值（Mean）

　　　　 2，7，1，1，7，8，9

　　方法： 先求出这一组数字的总和：

　　　　　 $2+7+1+1+7+8+9=35$

　　　　　 再将总和除以这组数列的个数 7，即 $\frac{35}{7}=5$

　　　　　 因此，这一组数列的平均值（Mean）是 5。

● **例题2：** 请找出 **3，7，1，8 及 6 的中位数（Median）**

　　方法： 首先将数字按从小到大的顺序重新排列：

　　　　　 1，3，6，7，8

　　　　　 这样就可以看出中间位置的数字是 6。

　　　　　 因此，中位数（Median）是 6。

● **例题3：** 请找出 **3，6，7，1，8 及 5 的中位数（Median）**

　　方法： 首先，将它们重新排列成：1，3，5，6，7，8

　　　　　 在本题中，我们可以看出中间数介于 5 及 6 之间。

　　　　　 因此，中位数（Median）为 $\frac{5+6}{2}=5.5$

● **例题4：** 请找出 **3，5，7，1，8 及 11 的全距（Range）**

　　方法： 首先，找出最大值 11 与最小值 1。

　　　　　 因此，全距（Range）为 $11-1=10$

● **例题5：** 请找出下面这一组数列中的众数（Mode）

　　　　 1，4，4，4，7，8，9，9，11，12

　　很明显，出现次数最多的数字是 4。

因此，众数（Mode）是 4。

☺ 例题 6：请找出 1，3，3，3，3，5，5，5，5，8，8，9 的众数（Mode）

很明显，有两个出现次数最多的数字，所以我们称其为双众数分布。

因此，这一组数列中有两个众数（Mode）出现，即 3 和 5。

☺ 例题 7：请找出下列次数表 (Frequency Table) 的平均值 （Mean）

次数表（Frequency Table）

x（值）	1	2	4	6
f（次数）	4	3	5	1

找出平均值（Mean）：

步骤 1：求出 fx，即将 x（值）乘以 f（次数）

fx 为 4，6，20，6（这个结果来自次数表，即：$4 \times 1 = 4$，$2 \times 3 = 6$，$4 \times 5 = 20$，$6 \times 1 = 6$）

步骤 2：将上述数值相加求出 Σfx

$\Sigma fx = 4 + 6 + 20 + 6 = 36$

步骤 3：将所有的次数相加，总次数值则为 N

$N = \Sigma f = 4 + 3 + 5 + 1 = 13$

步骤 4: 将 $\sum fx$ 除以总次数值 N, 即得出平均值(Mean)

平均值(Mean) $\overline{x} = \dfrac{\sum fx}{N}$

因此, 平均值(Mean)为 $\dfrac{36}{13} = 2.77$。

现在我们再来了解一下方差(Variance)及标准差(Standard Deviation)。

(1)方差(Variance)指一组数字分散的程度。

(2)标准差(Standard Deviation)则为方差的平方根。

$\overline{x}$ 为 x_1, x_2, x_3, ……x_n 的平均值, 即 $\dfrac{x_1 + x_2 + x_3 + \cdots\cdots + x_n}{n}$

方差(Variance)的公式为: $\sigma^2 = \dfrac{\sum (x - \overline{x})^2}{n}$

上面的公式也可以写成 $\sigma^2 = \dfrac{\sum x^2}{n} - (\overline{x})^2$

标准差(σ)就是方差的平方根。

对于不连接的次数分布, 方差的公式如下:

$\sigma^2 = \dfrac{\sum f(x - \overline{x})^2}{\sum f}$ 或 $\dfrac{\sum fx^2}{\sum f} - (\overline{x})^2$

标准差是上述公式的平方根。

让我们再来看看下面的例题:

☺ **例题: 找出下列这一组数字的平均值(Mean)及标准差(Standard Deviation): 7, 3, 5, 6 及 9**

首先, 让我们找出它们的平均值(Mean)

依照前面的方法得出：

$$\overline{x} = (7+3+5+6+9) \div 5 = 30 \div 5 = 6$$

因此，$\overline{x} = 6$

现在再来找它们的标准差（Standard Deviation）

如下所示：

$$\sigma^2 = \frac{\sum x^2}{n} - (\overline{x})^2$$

$$= \frac{49+9+25+36+81}{5} - 6^2$$

$$= \frac{200}{5} - 36$$

$$= 40 - 36$$

$$= 4$$

$$\sigma = \sqrt{4} = 2$$

因此，标准差（Standard Deviation）是2。

正态分布（Normal Distribution）

正态分布是概率论中最重要的一种分布，也是自然界最常见的一种分布。该分布由两个参数——平均值和方差决定。概率密度函数曲线以均值为对称中线，方差越小，分布越集中在均值附近。

（标准差是方差的算术平方根，在此，我们仅对标准差和平均值的关系进行研究。）

下面是一个标准的左右对称的钟形正态分布曲线图。

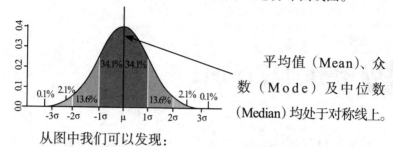

平均值（Mean）、众数（Mode）及中位数（Median）均处于对称线上。

从图中我们可以发现：

（1）深灰区域是距平均值小于一个标准差之内的数值范围。在正态分布中，范围所占比率为全部数值之68%。

（2）在正态分布，两个标准差之内（深灰色，灰）的比率合起来为95%。

（3）在正态分布，三个标准差之内（深灰色，灰，浅灰）的比率合起来为99%。

它的意义在于：如果已知一组数据的平均值及标准差，我们就可以快速地计算出一些重要的百分比及相关数值。

☺ **例题：对1200位大学生做IQ测试。结果发现这些学生的平均值（Mean）为130，而标准差（Standarddeviation）为12。请问有多少学生的IQ在154以上？（假设这个现象符合一个正态分布）**

方法： 如前所述，正态分布中约有95%落在平均值的两个标准差之间，也就是有5%没有落在平均值的两个标准差之间。这5%各自平均分配于曲线两端。所以约有2.5%的学生的IQ在154以上。由于共有1200位大学生做IQ测试，因此可以计算出共有30位学生。

答案是，约有30位学生的IQ在154以上。

45 快速计算百分比

为了能快速计算百分比，你需牢记部分与之相等的分数及小数。

分数、小数及百分比的转换

我们都知道 $\frac{1}{2}$ 等于 0.5，也相当于 50%。

请牢记下列等值转换：

分数	小数	百分比
$\frac{1}{2}$	0.5	50%
$\frac{1}{10}$	0.1	10%
$\frac{1}{3}$	0.3	33.3%（大约值）

下面这些分数与百分比的转换也很常用：

$$\frac{1}{4} = 25\%$$

$$\frac{1}{8} = 12.5\%$$

$$\frac{1}{16} = 6.25\%$$

$\dfrac{1}{32} = 3.125\%$

$\dfrac{1}{3} \approx 33.3\%$（大约值）

$\dfrac{1}{6} \approx 16.6\%$（大约值）

$\dfrac{1}{12} \approx 8.3\%$（大约值）

$\dfrac{1}{10} = 10\%$

$\dfrac{2}{10} = 20\%$

$\dfrac{3}{10} = 30\%$

$\dfrac{4}{10} = 40\%$

$\dfrac{5}{10} = 50\%$

$\dfrac{6}{10} = 60\%$

☺ **例题 1：找出 250 的 25% 是多少?**

　　方法：首先找出 250 的 50%，再除以 2

　　　　　　250 的 50% 是 125

　　　　　　125 的 50% 是 62.5

　　　　　　因此，250 的 25% 是 62.5。

☺ **例题 2：找出 800 的 12.5% 是多少?**

　　方法：800 的 50% 是 400

　　　　　　（即 800 的一半）

由于 50% 的一半是 25%

（也就是要算出 400 的一半）

即 400÷2＝200

最后，25%÷2＝12.5%

（也就是要算出 200 的一半）

即 200÷2＝100

因此，800 的 12.5% 是 100。

☺ **例题 3：找出 600 的 75%**

方法： 600 的 50% 是 300

由于 25%＝50%÷2

75%＝50%＋25%

所以 600 的 25% 为 300÷2＝150

600 的 75% 为 300＋150＝450

因此，600 的 75% 是 450。

☺ **例题 4：王先生买了一栋公寓，价值 $150000，两年后，王先生将其卖出，获利 20%。请问此公寓卖出的价格是多少？**

方法： 先求出 150000 的 20% 是多少

150000×20%＝30000

公寓卖出的价格是用原来的售价加上获利的部分

150000＋30000＝180000

因此，王先生的公寓卖出的价格为 $180000。

☻ **例题5：某人买了一件外套，打了8折（少付了20%），所以他付了 $60。请问外套的原价是多少？**

方法： 根据题意，某人少付了原价的 20%

即表示付了原价的 80%

也就是说，原价的 80% 等于 60

即 60 ÷ 80%

也就是，$\dfrac{60}{80} \times 100 = \dfrac{6}{8} \times 100 = \dfrac{600}{8}$

$\dfrac{600}{8} = \dfrac{300}{4} = \dfrac{150}{2} = 75$

因此，原价是 $75。

☻ **例题6：假设王先生的银行存款共有 $1000，且每年可赚 5% 的复利。2 年后王先生共有多少存款？**

方法： 一年后王先生共有 1000 加上 1000 的 5% 的利息。

即 $1000 + 1000 \times 5\% = 1000 + 50 = 1050$

以此类推，2 年后王先生共有 1050 加上 1050 的 5% 的利息。

1050 的 10% 是 105，则 1050 的 5% 是 52.5

2 年后王先生的总存款为：

$1050 + 52.5 = 1102.50$

因此，答案是 $1102.50。

当你要计算的百分比难以被整除时，可利用下列方法：

一个百分比为百分之一，即 $\dfrac{1}{100}$

☺ **例题：计算 400 的 42.5% 是多少?**

　　方法：$400 \times 42.5\%$

　　　　　　$= （400 \div 100） \times 42.5$

　　　　　　$= 4 \times 42.5$

　　　　　　$= 170$

　　因此，400 的 42.5% 是 170。

46 乘以括号外

☺ **例题 1：将算式 3（2x＋5）展开计算**

　　方法：只需将括号内的每一项乘以 3

　　　　　即 $3 \times 2x + 3 \times 5 = 6x + 15$

☺ **例题 2：展开并简化 3（2x＋5）＋4（2x＋7）**

　　方法：先将第一个括号内的每一项乘以 3，然后再将第二个
　　　　　括号内的每一项乘以 4，最后合并同类项简化结果。

　　　　　$3（2x＋5）＋4（2x＋7）$

　　　　　$= 6x + 15 + 8x + 28$

　　　　　$= 14x + 43$

☺ **例题 3：计算 5（2x－5）－6（3x－4）**

　　　　　方法同上。

　　　　　$5（2x－5）－6（3x－4）$

　　　　　$= 10x - 25 - 18x + 24$

　　　　　$= -8x - 1$

☺ **例题 4：计算（2x＋3）（2x＋4）**

当我们计算两个括号相乘时，必须先将第一个括号内的每一项乘以第二个括号内的每一项，然后再简化结果。我们也可以利用一种格子（grid）计算的简单方法。

具体步骤如下：

首先，将括号内的每一项置于格子（grid）外面

X	2x	+3
2x		
+4		

然后，将格子（grid）外面的第一项相乘，即 $2x \times 2x = 4x^2$

其他的相乘结果如下所示：

X	2x	+3
2x	$4x^2$	6x
+4	8x	12

相乘之后，再将格子（grid）里面的每一项相加。

即 $4x^2 + 6x + 8x + 12$

最后合并简化，即 $4x^2 + 6x + 8x + 12 = 4x^2 + 14x + 12$

☺ 例题 5：计算（2x－3）（3x＋2）

将每个括号内的每一项置于格子（grid）外面

如下所示：

X	2x	− 3
3x	$6x^2$	− 9x
+ 2	4x	− 6

将格子（grid）里面的所有项集中起来

即 $6x^2 - 9x + 4x - 6$

然后，再合并简化

即 $6x^2 - 5x - 6$

● **例题 6：计算（a−b）（a＋b）**

将每个括号内的每一项置于格子（grid）外面
如下所示：

X	a	− b
a	a^2	− ab
+ b	+ ab	− b^2

将格子（grid）里面的所有项集中起来

即 $a^2 - ab + ab - b^2$

然后，再合并简化

即 $a^2 - b^2$

这是一个很重要的数学公式，即平方差公式：

$$a^2 - b^2 = (a - b)(a + b)$$

47 利用二倍数（duplexes）来计算一个两项代数式的平方

我们先记住一个公式：

$(a+b)^2 = D(a) + D(ab) + D(b)$

根据前面所学，我们知道：

$D(a) = a^2$

$D(ab) = 2ab$

$D(b) = b^2$

☻ **例题 1：计算 $(a+4)^2$**

根据上面的公式，$(a+4)^2 = D(a) + D(a/4) + D(4)$

$D(a) = a^2$

$D(a/4) = 2 \times a \times 4 = 8a$

$D(4) = 4^2 = 16$

因此，$(a+4)^2$

$= D(a) + D(a/4) + D(4)$

$$=a^2+2\times a\times 4+4^2$$
$$=a^2+8a+16$$

☺ **例题2：计算（2b＋7）²**

$$（2b+7）^2$$
$$=D（2b）+D（2b/7）+D（7）$$
$$=4b^2+28b+49$$

☺ **例题3：计算（3x－5y）²**

将（3x－5y）分解成 3x 和－5y

因此，$（3x-5y）^2$

$$=D（3x）+D（3x/-5y）+D（-5y）$$
$$=（3x）^2+2\times 3x\times（-5y）+（-5y）^2$$
$$=9x^2-30xy+25y^2$$

48 一元二次方程式的因式分解

本节将介绍一个对一元二次方程式进行因式分解的新方法。

☺ 例题 1：因式分解 $x^2 + 5x + 6$

基本原则：我们首先要将这个方程式分解为两个因数，分解后的这两个因数可以相乘而变回原来的式子。

具体方法如下：

这个方程式相当于 $1x^2 + 5x + 6$，它的系数分别为 1、5、6。

接下来，我们需将中间的系数 5 分成两部分，让第一个系数"1"与第一部分的比例等于第二部分与最后一个系数"6"的比例。

因此我们把 5 分成 3 和 2，这样就能满足上述要求，即 $1:3 = 2:6$

从这两个比例中我们得出其中一个因数，在本例题中，这个因数为 $1x + 3$ 或 $x + 3$

所以，$x^2 + 5x + 6 = (x + 3)(\qquad)$

现在我们再来计算第二个因数：

将二次方程式左边的第一项除以第一个括号内已知的第一项后，得到第二个因数的第一项。

再将二次方程式左边的最后一项除以第一个括号内已知的

第二项后，就得到第二个因数的第二项。

如下图所示：

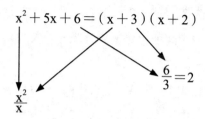

$$x^2 + 5x + 6 = (x+3)(x+2)$$

$$\frac{6}{3} = 2$$

$$\frac{x^2}{x}$$

最后，你会发现 x＋3 和 x＋2 就是 $x^2 + 5x + 6$ 分解后的两个因式。

☺ 例题 2：解一元二次方程式 $2x^2 + 3x + 1 = 0$，先分解因数

我们可以看出 $2x^2 + 3x + 1 = 0$ 中的系数分别为 2、3 和 1。

现在我们将 3 分成 2 和 1，它们的比例为 2：2 和 1：1，请注意这两个比例是一样的。

所以第一个因数为 x＋1

即 $2x^2 + 3x + 1 = (x+1)($ ____ $)$

如上所述，我们得出：$\frac{2x^2}{x} = 2x$ 及 $\frac{1}{1} = 1$

因此第二个因数为 2x＋1

即 $2x^2 + 3x + 1 = (x+1)(2x+1)$

假设　$2x^2 + 3x + 1 = 0$

那么　$(x+1)(2x+1) = 0$

x＋1＝0，即 x＝－1；

或 2x＋1＝0，即 x＝－0.5

因此，x＝－1 或 －0.5

● **例题 3：解 $2x^2 - 5x + 2 = 0$**

方法同上，我们先对一元二次方程式分解因数。

它系数分别为 2、-5、2。

现在我们分解中间项。将 -5 分成 -4 及 -1，得出它们的比例为 2：-4 和 -1：2。

再将左边简化成 1：-2，与右边的 -1：2 相同。

由此可知，其中一个因数为（$x-2$）

因此，$2x^2 - 5x + 2 = (x-2)($　　　$)$

接下来再除以相对应的项数，得出第二个因数为 $2x-1$

即 $2x^2 - 5x + 2 = (x-2)(2x-1)$

由于 $2x^2 - 5x + 2 = 0$

则（$x-2$）（$2x-1$）$= 0$

$x-2 = 0$，即 $x = 2$

或 $2x-1 = 0$，即 $x = 0.5$

因此，$x = 2$ 或 $x = 0.5$

● **例题 4：请解 $2x^2 - 3x - 5 = 0$**

先对 $2x^2 - 3x - 5$ 分解因数。

其系数分别为 2、-3、-5。

现在我们分解中间项，将 -3 分解成 2 和 -5，得出它们的比例为 2：2 和 -5：-5。

注意：这些比例与 1：1 相同。

所以其中一个因数为 $x+1$

因此，$2x^2 - 3x - 5 = (x+1)($　　　$)$

48

现在我们再找出第二个因数：

如前所述，将方程式左边的第一项"$2x^2$"和最后一项"-5"除以括号内的第一项"x"和最后一项"1"。

我们得出 $\dfrac{2x^2}{x} = 2x$ 和 $-\dfrac{5}{1} = -5$

因而得出第二个因数为 $2x - 5$

既然，$2x^2 - 3x - 5 = (x+1)(2x-5)$

假设 $2x^2 - 3x - 5 = 0$

那么 $(x+1)(2x-5) = 0$

因此， $x = -1$ 或 $x = 2.5$

练习题 解下列方程式：

（1）$x^2 + 6x + 5 = 0$

（2）$x^2 + 7x + 10 = 0$

（3）$2x^2 + 5x + 3 = 0$

49 一元二次方程式的求根公式

将一元二次方程式 $ax^2 + bx + c = 0$ 除以 a，可以得出：

$$x^2 + \frac{b}{a}x + \frac{c}{a} = 0$$

现在我们利用完全平方的方法，先将第二项的系数除以 2，然后把左边的式子进行平方。

如下所示：

$$(x + \frac{b}{2a})^2 = x^2 + \frac{b}{a}x + \frac{b^2}{4a^2}$$

调整这个式子就可以得到原来的式子

如下所示：

$$(x + \frac{b}{2a})^2 - \frac{b^2}{4a^2} + \frac{c}{a} = x^2 + \frac{b}{a}x + \frac{c}{a}$$

假设 $(x + \frac{b}{2a})^2 - \frac{b^2}{4a^2} + \frac{c}{a} = 0$

那么 $(x + \frac{b}{2a})^2 = \frac{b^2}{4a^2} - \frac{c}{a}$

49

进一步简化下面右边的式子：

$$(x+\frac{b}{2a})^2 = \frac{b^2}{4a^2} - \frac{4ac}{4a^2}$$

即 $(x+\frac{b}{2a})^2 = \frac{b^2-4ac}{4a^2}$

继续分解上面的式子：

则 $x+\frac{b}{2a} = \pm\frac{\sqrt{b^2-4ac}}{2a}$

或 $x = -\frac{b}{2a} \pm \frac{\sqrt{b^2-4ac}}{2a}$

所以 $x = -\frac{b+\sqrt{b^2-4ac}}{2a}$

或 $x = -\frac{b-\sqrt{b^2-4ac}}{2a}$

即 $x = \frac{-b\pm\sqrt{b^2-4ac}}{2a}$

☺ **例题1：利用一元二次方程式的求根公式解 $2x^2-5x+2=0$**

方法： 将 $2x^2-5x+2=0$ 跟 $ax^2+bx+c=0$ 做比较

我们可以看出系数 $a=2$，$b=-5$，$c=2$

既然 $x = \frac{-b\pm\sqrt{b^2-4ac}}{2a}$

将上面的系数带入公式，则：

$$x = \frac{-(-5) \pm \sqrt{(-5)^2 - 4 \times 2 \times 2}}{2 \times 2}$$

$$x = \frac{5 \pm \sqrt{25 - 16}}{4}$$

$$x = \frac{5 \pm \sqrt{9}}{4}$$

$$x = \frac{5 \pm 3}{4}$$

即 $x = \frac{5+3}{4} = \frac{8}{4} = 2$ 或 $x = \frac{5-3}{4} = \frac{2}{4} = \frac{1}{2} = 0.5$

因此，$x = 2$ 或 $x = 0.5$

（注意：解二元一次方程式时，如果你不太熟悉因式分解，就可以使用这个公式。）

这里还有一个更简单的解二次方程式的方法：

这个方法只需要微积分算法的基本概念。

首先，你需要知道 ax^n 的第一个微分（D1）为 nax^{n-1}，而且，对一个常数进行微分，结果为 0。

☺ 例题 2：请找出 $3x^2 + 5$ 的第一个微分

根据公式 $D1 = nax^{n-1}$ 得出：

$D1 = 2 \times 3x^{2-1} = 6x + 0$

因此，$D1 = 6x$

为了解一元二次方程式，你需牢记下面的公式：

$$D1 = \pm \sqrt{b^2 - 4ac}$$

注意：$b^2 - 4ac$ 就是根的判别式

☺ **例题：解方程式 $2x^2 - 7x + 3 = 0$**

首先求出 $D1 = 4x - 7$

利用 $D1 = \pm \sqrt{b^2 - 4ac}$

则 $4x - 7 = \pm \sqrt{(-7)^2 - 4 \times 2 \times 3}$

$4x - 7 = \pm \sqrt{49 - 24}$

$4x - 7 = \pm \sqrt{25} = \pm 5$

即 $4x = 7 + 5 = 12$ 或 $4x = 7 - 5 = 2$

所以 $x = \dfrac{12}{4} = 3$ 或 $x = \dfrac{2}{4} = 0.5$

因此，$x = 3$ 或 $x = 0.5$

50 计算指数

计算指数的基本规则

a^5 即 $a \times a \times a \times a \times a$

a^n 即 a 乘以自己 n 次

$a^2 \times a^3 = (a \times a) \times (a \times a \times a) = a \times a \times a \times a \times a = a^5$

注意：计算乘法时，只需将指数相加；而计算除法时，只需将指数相减。

因此，$a^m \times a^n = a^{m+n}$

$a^m \div a^n = a^{m-n}$

分数指数

$a^{-1} = \dfrac{1}{a}$

$a^{-n} = \dfrac{1}{a^n}$

$\left(\dfrac{b}{a}\right)^{-1} = \dfrac{a}{b}$

请注意： $a^0 = 1$ *且* $a^{\frac{1}{2}} = \sqrt{a}$

☺ **例题 1：请用 2 的指数形式表示 32**

　　方法：$32 = 2 \times 2 \times 2 \times 2 \times 2 = 2^5$

　　　　　因此，$32 = 2^5$

☺ **例题 2：请用 3 的指数形式表示 $3^4 \times 9^{-1}$**

　　方法：将 $3^4 \times 9^{-1}$ 写成 $3 \times 3 \times 3 \times 3 \times \dfrac{1}{9}$

　　　　　$3 \times 3 \times 3 \times 3 \times \dfrac{1}{9}$

　　　　　$= \dfrac{3 \times 3 \times 3 \times 3}{3 \times 3} = 3 \times 3 = 3^2$

　　　　　因此，$3^4 \times 9^{-1} = 3^2$

☺ **例题 3：简化 $a^n \times a^m \times a^t$**

　　方法：计算乘法时，只需将指数相加即可。

　　　　　因此，$a^n \times a^m \times a^t = a^{n+m+t}$

☺ **例题 4：简化 $a^n \div a^k$**

　　方法：计算除法时，只要用指数相减即可。

　　　　　因此，$a^n \div a^k = a^{n-k}$

☺ **例题 5：简化 $(a^n \times a^m) \div a^k$**

　　方法：先计算乘法，将指数相加；再计算除法，将指数相减。

　　　　　因此，$(a^n \times a^m) \div a^k = a^{n+m-k}$

51 循环百分比转换

复利及降价

请先回忆一下前面所讲的百分比与小数的转换。

☺ **例题 1：**

若 $5000 增加了 10%，请计算金额一共是多少?

传统的方法都是先计算 5000 的 10%，在所得结果上加上 5000，即为最后答案。

由于 5000 的 10% ＝ 500

所以，金额一共是 5000 ＋ 500 ＝ 5500

现在我们提供一个更快捷的方法：

只要计算 1.1 × 5000 即可

因为 1.1 即 1 ＋ 10%

因此，1.1 × 5000 ＝ 5500，即为最后答案。

☺ **例题 2：**

张先生有 $5000，第一年他赚到 10%，第二年又赚到 10%。请问张先生两年后有多少钱?（此方式称作复利）

第一年的本利为 1.1×5000，由此可算出两年后的本利为 $1.1 \times (1.1 \times 5000)$，即 $(1.1)^2 \times 5000$。

由于 $(1.1)^2 \times 5000 = 1.21 \times 5000 = 6050$

因此，最后答案是 $6050。

● **例题 3：**

张先生花 $200000 购买一个固定利率的基金，已知它每年的收益为 5%。请问 15 年后张先生持有的基金价值多少？

方法： 1 年后为 $(1 + 5\%) \times 200000$

即 1.05×200000

以此类推，2 年后为 $(1.05)^2 \times 200000$

3 年后为 $(1.05)^3 \times 200000$

因此，15 年后为 $(1.05)^{15} \times 200000$，约等于 415786。

● **例题 4：**

一辆车每年会折旧 30%，王先生花了 $18000 买一辆车。请问 5 年后王先生这辆车值多少钱？（答案请保留整数）

方法： 每年折旧 30%，那么一年后的价值为：

$18000 \times (1 - 30\%)$

$= 18000 \times \dfrac{70}{100}$

$= 12600$

以此类推，5 年后这辆车应值：

$$18000 \times (1-30\%)^5$$

$$=18000 \times \left(\frac{70}{100}\right)^5$$

$$=3025$$

因此，答案是 $3025。

☺ **例题 5：**

现在有一栋价值 $300000 的房子，该房子的价格在接下来的两年中每年下跌 7%，随后又连续 5 年上涨，且每年上涨 5%。请问 7 年后这栋房子的价值应该是多少？（答案请保留整数）

方法： 两年中每年会下跌 7%，随后的 5 年中每年会上涨 5%，

即 $300000 \times (1-7\%)^2 \times (1+5\%)^5 = 331157$

因此，该房子的价值应该是 $331157。

基础数学测验

（这个测验适合初中生）

注意，不能使用计算器。

（1）请计算 (a)1000－357

(b)35×9

(c)6.34×100   3分

（2）请计算 $\frac{2}{7}+\frac{2}{5}$ 1分

（3）请计算 $370 的 12.5% 是多少？   1分

（4）如果 8 公里等于 5 英里，那么请问 72 公里相当于

多少英里？   1分

（5）将 $200 按比例 3∶1 进行分配，求最大部分是多少？ 1分

（6）请计算：(a)65^2 (b) $\sqrt{196}$ 2分

（7）估算 $\sqrt{\dfrac{14.1\times18.2}{7.1}}$ 至最接近的整数。   1分

（8）如果 a＝17，b＝15，c＝9，请计算 3a＋5b－2ac

1分

（9）分解并简化方程式 2（3x＋7）＋4（3x－8）   1分

（10）请找出下列长度的中位数、众数及平均值：   3分

3m，4m，5m，3m，6m，7m，2m

基础数学测验的答案在本书的第 136 页，做完测试后请参考下列分数：

12～15 分：说明你已经在这个阶段达到相当的水平，相当于英国的 KS3（英国中学国家统一考试）－SATS（标准评估考试）考试的第 6(c) 到 6(b) 级。

6～11 分：平均水平，相当于英国的 KS3 考试的第 5(c) 到 5(a) 级。

小于 6 分：有待加强。

中高级数学测验

（这个测试适合初中生、高中生以及正在学习初级大学数学的学生）除了第一道题外，其他各题你可以使用计算器。

（1）(a) 利用平方差公式计算：$37^2 + 24^2 - 27^2 - 14^2$

2 分

(b) 请计算（0.15）^{4} 并写出答案。　　　　　　　2 分

(c) 将循环小数 $0.4\dot{2}$ 转换为分数。　　　　　　　2 分

（2）请解二元一次方程组　　　　　　　　　　　　2 分

$$\begin{cases} 2x + 3y = 5 \\ 4x - 3y = 1 \end{cases}$$

（3）王先生买了一辆打折 17.5% 的车，其原价为 \$15000。请问王先生买这辆车花了多少钱？　　　　2 分

（4）分解并简化方程式

$(3x-5)(2x+7)+(2x-5)(3x+1)$ 2分

（5）简化 $(a^n \times a^m) \div (a^k \times a^t)$ 2分

（6）有一栋房子目前价值 \$250000。预测接下来的两年，房价每年会下跌 5%，随后连续五年中，每年又会上涨 6%。请问到第七年时该房子的价值是多少？   2分

（7）请先对 $3x^2-2x-1$ 进行因式分解，之后，再解方程式 $3x^2-2x-1=0$ 2分

（8）(a) 一个三角形的边长分别为 7cm、8cm、10cm。求最大角的角度是多少？   2分

  (b) 请证明 $\text{Sin}^2 x + \text{Cos}^2 x = 1$

（9）使用一元二次方程式的求根公式解方程式

$2x^2-3x-5=0$ 2分

（10）找出下面数列中的平均值及标准差   2分

x（值）	1	2	4	6	8
f（次数）	2	9	18	11	9

答案在本书的第 136 页，做完测试后请参考下列分数：

18～26 分：说明你已经达到优秀的水平，相当于英国 GCSE（普通中等教育证书）的 A-A* 级。

11～17 分：说明你已经达到不错的水平，相当于英国 GCSE 的 B 级。

6～10 分：说明你已经达到一般的水平，相当于英国 GCSE 的 C 级。

小于 6 分：说明你需要更加努力才能通过 C 级。

答案

134

第 72 页

（1）$6\frac{23}{40}$

（2）$10\frac{16}{21}$

（3）$5\frac{49}{99}$

（4）$3\frac{13}{35}$

第 77 页

（1）$3\frac{9}{14}$

（2）$5\frac{5}{8}$

（3）7

（4）$1\frac{5}{6}$

（5）3

第 81 页

（1）9

（2）12

（3）8

（4）13

（5）14

（6）15

（7）16

（8）18

（9）20

第 89 页

（1）
约翰：$200
班：$300

（2）80kg

（3）3m

第 121 页

（1）x＝-1
或 x＝-5

（2）x＝-2
或 x＝-5

（3）x＝-1
或 x＝-1.5

第 131 页基础数学测试答案如下：

（1）（a）643　　　　　（b）315　　　　（c）634

（2）$\dfrac{24}{35}$

（3）$46.25

（4）45 英里

（5）$150

（6）（a）4225　　　　　（b）14

（7）6

（8）−180

（9）18x−18 或 18（x−1）

（10）中位数为 4m、众数为 3m、平均值为 4.29m

第 132～133 页中高级数学测验答案如下：

（1）（a）1020　　　　　（b）5.0625×10^{-4}　　　　　（c）$\dfrac{14}{33}$

（2）x＝1　　　y＝1

（3）$12375

（4）$12x^2 − 2x − 40$ 或 $2（6x^2 − x − 20）$

（5）$a^{n+m-k-t}$

（6）$301937

（7）（3x＋1）（x−1）　　x＝$-\dfrac{1}{3}$ 或 x＝1

（8）（a）83.3°

　　（b）利用基本的三角定律及勾股定理证明

（9）x＝−1 或 x＝2.5

（10）平均值为 4.7，标准差为 2.1

136